听专家田间讲课

肥　料
安全施用技术

（附：主要作物专用肥配方）

张洪昌　段继贤　赵春山　主编

U0256279

中国农业出版社

图书在版编目(CIP)数据

肥料安全施用技术/张洪昌,段继贤,赵春山主编.
—北京:中国农业出版社,2016.10(2018.11重印)
(听专家田间讲课)
ISBN 978-7-109-22076-8

Ⅰ.①肥… Ⅱ.①张…②段…③赵… Ⅲ.①施肥
Ⅳ.①S147.2

中国版本图书馆 CIP 数据核字(2016)第210088号

中国农业出版社出版
(北京市朝阳区麦子店街18号楼)
(邮政编码100125)
责任编辑 杨天桥 郭银巧

北京万友印刷有限公司印刷 新华书店北京发行所发行
2016年10月第1版 2018年11月北京第3次印刷

开本:787mm×960mm 1/32 印张:6.875
字数:115千字 印数:7 001~10 000册
定价:24.00元
(凡本版图书出现印刷、装订错误,请向出版社发行部调换)

主　　编　　张洪昌　　段继贤　　赵春山

副 主 编　　丁云梅　　殷成燕　　李　翼
　　　　　　高　瑛

编写人员　　张洪昌　　段继贤　　赵春山
　　　　　　丁云梅　　殷成燕　　李　翼
　　　　　　高　瑛　　李星林　　王　校
　　　　　　谭根生　　金汇源　　李　菡

出版者的话

实现粮食安全和农业现代化，最终还是要靠农民掌握科学技术的能力和水平。

为了提高我国农民的科技水平和生产技能，结合我国国情和农民的特点，向农民讲解最基本、最实用、最可操作、最适合农民文化程度、最易于农民掌握的种植业科学知识和技术方法，解决农民在生产中遇到的技术难题，我社编辑出版了这套"听专家田间讲课"系列图书。

把课堂从教室搬到田间，不是我们的创造。我们要做的只是架起专家与农民之间知识和技术传播的桥梁；也许明天会有越来越多的我们的读者走进教室，聆听教授讲课，接受更系统更专业的农业生产知识，但是"田间课堂"所讲授的内容，可能会给你留下些许有用的启示。因为，她更像是一张张贴在村口和地头的明白纸，让你一看就懂，一学就会。

本套丛书选取粮食作物、经济作物、蔬菜和果树等作物种类，一本书讲解一种作物。作者站在生产者的角度，结合自己教学、培训和技术推广的实践经验，一方面针对农业生产的现实意义介绍高产栽培技术，另一方面考虑到农民种田收入不高的实际困惑，提出提高生产效益的有效方法。同时，为了便于读者阅读和掌握书中讲解的内容，我们采取了两种出版形式，一种是图文对照的彩图版图书，另一种是以文字为主插图为辅的袖珍版口袋书，力求满足从事种植业生产、蔬菜和果树栽培的广大读者多方面的需求。

期待更多的农民朋友走进我们的田间课堂。

2016 年 6 月

目录
MU LU

出版者的话

第一讲 | 化肥安全施用 / 1

┆ **第二讲** | 有机肥料安全施用 ／ 59 ┆

第三讲　腐植酸肥料安全施用 / 76

第一讲
化肥安全施用

一、氮肥安全施用

(一) 尿素

尿素 [CO(NH$_2$)$_2$] 占我国氮肥总量的 40%，是主要的氮肥种类，含氮（N）46%。

1. 性质 尿素是含氮量最高的固体氮肥，通常为白色粒状，不易结块，流动性好，易于施用，易溶于水，水溶液呈碱性，吸湿性较强。

尿素施入土壤后，以分子态溶于土壤溶液中，被土壤胶体吸附，并经土壤微生物分泌的脲酶作用，水解成碳酸铵或碳酸氢铵。碳酸铵很不稳定，容易挥发，所以施用尿素应深施盖土，防止氮素损失。

2. 施肥方式 尿素是中性肥料，长期施用对土壤没有破坏作用，适于各种土壤和作物，宜做追肥，也可做基肥，但都应深施。一般不直接做种肥，因为高浓度的尿素会影响种子发芽。如果必须作种肥施用，要与种子分开，用量也不宜多，一般每亩①

---

① 亩为非法定计量单位，15 亩＝1 公顷。——编者注

5千克左右即可，先和干细土混匀，施在离种子下方2厘米左右或旁侧10厘米左右。

（1）**基肥** 以粮食作物为例，一般每亩用尿素10~20千克。旱地作基肥时，尿素可随耕耙施入。春播作物地温低，如果尿素集中条施，其用量不宜过大，否则易引起土壤局部碱化或缩二脲增多，造成烧种。水田作基肥时，尿素可在排干田水后撒施，然后翻耕，5~7天后待尿素转化为碳酸铵，再进行灌水耙田。也可在耕后耙前维持浅水施入，再用拖拉机耙田，使尿素和泥浆均匀混合。此外，尿素作面肥时，亩用量7~8千克，在移栽水稻前均匀施入，耙田过程中不能放水。

（2）**追肥** 以粮食作物为例，每亩用尿素10~15千克，在分蘖期或拔节期施用。旱地作物可采用沟施或穴施，施肥深度6~10厘米，施肥后覆土，盖严，防止水解后氨挥发。水田作物追肥时要先排水，保持薄水层，施后除草耕田，两三天内不要灌水，待大部分尿素转化为碳酸铵后再灌水。用尿素追肥要比其他氮肥提前几天。尿素在沙土地上漏水漏肥较严重，可分次施，每次施肥量不宜过多。

（二）碳酸氢铵

碳酸氢铵（NH_4HCO_3）又称碳铵、酸式碳酸铵，是我国早期的主要氮肥，含氮(N)17%左右。

1. 性质 碳酸氢铵的氮素形态是铵离子（NH_4^+），属于铵态氮肥。产品为白色或淡灰色，呈粒状、板状或柱状结晶，比硫铵轻而稍重于粒状尿素。易溶于水，在 20℃ 和 40℃ 时，100 毫升水中可分别溶解 21 克和 35 克，水溶液呈碱性，易挥发，有强烈刺激性臭味。干燥碳铵在 10～20℃ 常温下比较稳定，但敞开放置时易分解成氨、二氧化碳和水，放出强烈的刺激性氨味。河北省农林科学院土壤肥料研究所试验表明，在 20℃ 时将含水 4.8% 的碳铵充分暴露在空气中 7 天，氮素损失大半。碳铵的分解造成氮素损失，残留的水加速潮解并使碳铵结块。

碳酸氢铵含水量越多，与空气接触面越大，空气湿度和温度越高，其氮素损失也越快（表 1-1）。因此，施用时，①添加表面活性剂，适当增大粒度，降低含水量；②包装要结实，防止塑料袋破损和受潮；③库房要通风，不漏水，地面要干燥；④施用时要深施覆土。

表 1-1　不同温度条件下碳酸氢铵的分解率

温度 (℃)	分解率（%）					
	1 小时	1 天	3 天	5 天	10 天	15 天
12～16	0.49	3.46	7.40	10.64	18.01	—
20	0.52	8.86	30.14	48.05	74.09	77.25
32	0.88	18.98	48.30	67.92	93.96	97.68

2. 施肥方式　碳酸氢铵适于做追肥，也可做基肥，但都要深施。

（1）旱地基肥　每亩用碳酸氢铵 30～50 千克，占全生育期氮素总用量的 50%～60%。小麦、玉米施基肥可结合拖拉机和畜力耕地进行，将碳酸氢铵翻入土地，做到耙细盖严；也可在耕地时撒入犁沟内，边施边犁垡覆盖，俗称"犁沟溜施"。

（2）旱地追肥　每亩用碳酸氢铵 20～40 千克，沟施或穴施。小麦、谷子等条播作物可在行间开 7 厘米左右深的沟，边往沟里撒施碳酸氢铵边覆土；中耕作物玉米、高粱、棉花等，在植株旁 7～10 厘米处人工用锄刨 7～10 厘米深的沟，随后撒肥，覆土。撒肥时要防止碳酸氢铵接触茎叶，以免被烧伤。干旱季节追肥后应立即浇水。

（3）稻田基肥　每亩用碳酸氢铵 30～40 千克，占全生育期氮素总用量的 50%。稻田在施肥前先翻耕土地，将碳酸氢铵撒在已经翻耕的毛糙湿润土面上，再翻入土层，立即灌水，耕细耙平，然后播种或插秧；水耕时，先在田面灌一薄层水，再施入碳酸氢铵，耕翻、耙平后插秧。

（4）稻田面肥　过去习惯在稻田耕耙之后施入碳酸氢铵，然后用拖板拉平后插秧，大部分肥料都集中在表土氧化层里，易转化成硝态氮而淋溶损失。正确的方法应该是犁田或耙田后灌浅水，每亩用碳铵 10～20 千克，撒施后再耙 1～2 遍，用拖板拉平，随即插秧。这样能使碳酸氢铵均匀地分布在约 7 厘米深的土层里，既起到面肥作用，又能减少肥料损失。

（5）稻田追肥 施肥前先把稻田中的水排掉，每亩用碳酸氢铵 30～40 千克，撒施后结合中耕除草耢田，使碳酸氢铵均匀分布在 7～10 厘米深的土层。

（三）硫酸铵

硫酸铵 $[(NH_4)_2SO_4]$ 简称硫铵，也叫肥田粉，约占我国目前氮肥总产量的 0.7%，是我国生产和施用最早的氮肥品种之一，含氮（N）20.15%～21%。由于尿素、碳酸氢铵等氮肥品种的快速发展，硫酸铵已在我国产量很少，大多是炼焦和化学工业的副产物。

1. 性质 硫酸铵为白色或淡黄色结晶。工业副产品的硫酸铵因含有少量硫氰酸盐（NH_4CNS）、铁盐等杂质，常呈灰白色或粉红色粉状，易溶于水，20℃时 100 毫升水中可溶解 75 克，水溶液呈中性。由于产品含有极少量的游离酸，有时也呈微酸性。硫酸铵吸湿性小，在 20℃时的临界相对湿度为 81%，一旦吸水潮解，结块后很难打碎。

硫酸铵施入土壤后，在土壤溶液中解离为铵离子和硫酸根，可被作物吸收或土壤胶体吸附，由于作物根系对养分吸收的选择性，吸收的铵离子数量远大于吸收的硫酸根，所以硫酸铵属于生理酸性肥料。长期施用硫酸铵会在土壤中残留较多的硫酸根离子（SO_4^{2-}），硫酸根在酸性土壤中会增加酸度；在碱性土壤中与钙离子生成难溶的硫酸钙即石膏，引起土壤板结。因此，要增施农家肥或轮换氮肥品种，在酸性土壤中还可配施石灰。

2. 施肥方式 硫酸铵可做基肥、追肥和种肥。基肥每亩用量 20～40 千克，追肥 15～25 千克，施用方法与其他固体氮肥一样。做种肥对种子发芽没有不良影响，但用量不宜多，基肥施足，可以不施种肥。

小麦做种肥每亩用硫酸铵 3～5 千克，先与干细土混均，随拌随播。肥料用量大时应采用沟施；水稻秧头肥每亩用量 2～3 千克，如遇低温寒潮，必须保持浅水层，以免伤苗；浸秧根也很经济，每亩秧田用量 1 千克，对水 50～60 升，溶化后把秧苗根部浸在肥水里约半小时即可插秧。

硫酸铵在石灰性土壤中与碳酸钙起作用生成氨气，易逸失；在酸性土壤中，如果施在水田通气较好的表层，铵态氮易经硝化作用而转化成硝态氮，转入深层后因缺氧又经反硝化作用，生成氨气和氧化氮气体，逸失到空气中。因此，无论在旱地和水田，硫酸铵都要深施，才能获得良好的肥效。

（四）氯化铵

氯化铵（NH_4Cl）占我国目前氮肥总产量的 3.3%。氮素形态是铵离子（NH_4^+），属于铵态氮肥，含氮 24%～25%。

1. 性质 氯化铵为白色或微黄色结晶，物理性状较好，一般不易结块，吸湿性比硫酸铵稍大，结块后易碎。在常温下较稳定，不易分解，但与碱性物质混合可使氮素以氨气形式挥发。氯化铵易溶解，水溶液呈微酸性，在 20℃时，每 100 毫升水可溶解 37 克氯化铵。氯化铵是生理酸性速效肥料，因为作物对氯化铵中养分吸收有选择性，在土壤里残留较多的氯根（Cl^-），造成氯离子过剩，生成相应的酸类，因此氯化铵在酸性土壤中长期施用时应增施石灰。

氯化铵残留的氯离子与土壤中钙结合，形成溶解度较大的氯化钙（$CaCl_2$），易随雨水或灌溉水排走，在具备一定排灌条件时，氯化铵在酸性和石灰性土壤中均适用，但施肥后应及时灌水，使氯离子淋洗到土壤下层。

氯化铵属于生理酸性肥料。在酸性土壤上，施用氯化铵使土壤酸化的程度大于硫酸铵，如连续大量施用，必须配合适量石灰或有机肥料进行调节。在中性或石灰性土壤，土壤胶体上的钙离子被铵离子代换后与氯离子生成氯化钙，氯化钙比硫酸钙溶解度大，易被雨水或灌溉水淋洗掉，造成钙的损失；但在排水不良的盐渍土或干旱地区，氯化钙大量累积在耕层，造成土壤溶液盐浓度增加，也不利于作物根系生长。

氯化铵不像硫酸铵那样还原生成有害物质硫化

氢，抑制水稻根系及地上部生长，因此水田施用氯化铵效果优于硫酸铵。

2. 施肥方式 氯化铵适合做基肥和追肥。基肥每亩用量 20～40 千克，追肥 10～20 千克，施用方法与尿素等氮肥相同。氯化铵不宜做种肥，因为过量的氯离子对种子有害。盐碱地不宜施用氯化铵，在酸性土壤中施用氯化铵需配合施用石灰（但不能同时混施，以免引起氨挥发）。

烟草是忌氯作物，不能施用氯化铵；茶树、葡萄、马铃薯、甘薯、甘蔗、西瓜、甜菜等作物尤其在幼苗时也要控制氯化铵用量。氯化铵用在水田肥效更为显著，因为氯离子对硝化细菌有抑制作用，可减少氮素淋失，而且氯离子易随水排走，不会有过多的残留。

（五）硝酸铵

硝酸铵（NH_4NO_3）简称硝铵，约占我国目前氮肥总产量的 3.5%，含氮（N）量为 35.0%。氮素形态是硝酸根（NO_3^-），属于硝态氮肥。硝酸铵兼有铵态氮（NH_4^+），但其性质接近于硝态氮。

1. 性质 纯硝酸铵为无色无臭的透明结晶或呈白色的小颗粒，极易溶于水，溶于液氨、硝酸、乙醇，但不溶于醚类，易吸湿而结块。硝酸铵在常温下是稳定的，加热达 110℃时，开始分解为氨和硝酸。在 200～720℃之间分解为氧化氮和水，高于 400℃时，反应极为迅猛，以致发生剧烈爆炸生成氮和水。

作物能吸收铵离子（NH_4^+）和硝酸根离子（NO_3^-）。一般土壤中铵态氮由于微生物的作用转化为硝态氮，酸性很强的土壤中硝化过程变慢，作物可以转而吸收大量铵态氮。硝酸铵中的硝态氮和铵态氮各占一半，都能被作物吸收，在土壤中没有残留物，属中性肥料。硝酸铵中的氮素不易挥发损失，施用后即使不覆土，氮素挥发损失也不及尿素和碳酸氢铵严重。铵态氮能被土壤吸附，处于贮存状态，陆续供给作物利用；硝态氮则易溶解于土壤溶液，随水流动，容易流失，在水田通气不良的还原层中易发生反硝化作用变成气态损失，所以硝酸铵不适于水田。

2. 施肥方式 硝酸铵适用的土壤和作物范围广，但最适于旱地和旱作物，对烟、棉、油菜等经济作物尤其适用。硝酸铵可做基肥、种肥和追肥。

（1）基肥 旱地作物每亩用硝酸铵 15～20 千克。均匀撒施，随即耕耙。如果用在水田，可与农家肥混合施用，以减少氮素淋失。

（2）种肥 硝酸铵做小麦种肥，每亩用量 5 千克左右。先与干细土混匀，随拌随播。用量较多时，旱作采用沟施或穴施，施在种子下方 2～3 厘米处。水稻不宜做种肥或秧头肥，因浓度高，吸湿性强，与种子直接接触会影响发芽。基肥充足，可以不施种肥。

（3）**追肥**　每亩用硝酸铵 10～20 千克。旱作追肥多采用沟施或穴施，施后覆土、盖严，浇水不宜大水漫灌，以免硝态氮淋失。水稻田分次追肥可减少氮素淋失，浅水追施后立即除草耘田，不再灌水，使其自然落干。水稻应在幼穗形成期重施追肥，此时需肥多，吸肥快，氮素损失小。

（六）几种缓释型氮肥

1. 包膜型缓释氮肥

（1）**硫包膜尿素**　只用硫包裹尿素，缓释效果不是很好，在硫层上再加封一层塑性较好的物质作为密封层，即成为改性硫包膜尿素。

（2）**肥料包膜（裹）肥料**　肥料包膜（裹）肥料是在一种肥料的表面再包裹一种或几种另外的肥料。一般通过包裹难溶性肥料实现产品的缓释性。可用作包膜的肥料一般有钙镁磷肥等。例如，以尿素作为核心基质，在尿素表面依次包敷复合物、微溶性养分物质（含 N、P、K 和 Mg、Fe、Zn）及痕溶性养分物质（MgO、CaO、SiO_2），水渗过含营养物质的包裹层，溶解核心氮肥后通过包裹层再向外扩散释放氮。由于包裹层均为植物所需的营养物质，无须土壤微生物分解，故温度和 pH 对氮释放无显著影响。这类产品对环境污染小，颗粒均匀，养分均匀释放，缓释效果好。

（3）**不饱和油包膜氮肥**　用油作为涂层材料制备缓释氮肥，至少要在肥料颗粒上喷涂两层涂层。

第一层是具高黏性不饱和油，第二层是低黏性不饱和油（起密封作用）。在包膜前，需要往油中掺和一些普通的催化剂。合适的油有亚麻籽油、红花油、葵花籽油、大豆油等。这类包膜原料来源广泛，资源可再生，包膜在土壤中容易分解，对土壤危害较小。

2. 抑制剂型缓释氮肥 抑制剂应用的主要对象是速效氮肥，目前主要的抑制剂型缓释肥料为"长效"尿素。长效尿素是在普通尿素生产流程中添加一定比例的抑制剂。抑制剂主要有脲酶抑制剂和硝化抑制剂等，脲酶抑制剂可抑制尿素的氨化作用，硝化抑制剂是抑制氨的亚硝化和硝化作用。这类抑制剂的种类很多，但目前实际应用的脲酶抑制剂主要是氢醌（对苯二酚），硝化抑制剂主要是双氰胺（二氰二胺）。在尿素中加入 0.3% 的多肽物质，也有较好的缓释作用。

长效尿素是尿素与抑制剂的混合物，由于抑制剂加入量很少，并与尿素几乎不发生反应，所以长效尿素的理化性质与普通尿素基本相同，只是有些品种在外观上呈棕色或棕褐色，其他如密度、熔点、溶解度等与尿素相近，其粒度、含水量、缩二脲含量等与尿素基本相同，含氮量仍然是 46%。

3. 缓释型氮肥施肥方式 缓释氮肥的施用方法与普通氮肥相似，一般做基肥。如果用于生育期长的作物或多年生果（林）园和草地植物追肥，施用时间应使肥料释放与作物需肥期相一致。施肥深度应既能使作物吸收到氮素，又能减少流失。注意合理配施速效氮肥，以协调氮素供应。

由于长效尿素肥效期长，利用率高，在施用技术上应与普通尿素有所不同。对一般作物如小麦、水稻、玉米、棉花、大豆、油菜而言，可在播种（移栽）前一次施入；在北方，除春播前施用外，还可在秋翻时施入。如作追肥，一定要提前进行，以免作物贪青晚熟。长效尿素施用深度 10～15 厘米，施于种子斜下方或两穴种子之间，或与土壤充分混合，既可防止烧种烧苗，又可防止肥料损失。

在水稻上应用，长效尿素可作基肥深施，施肥深度一般 10～15 厘米。

小麦垄作时，先将肥料撒在原垄沟中，然后起垄，肥料即被埋入垄内；或者整地起垄后，施肥与播种同时进行。不管怎样施肥，要保证种子与肥料间的隔离层在 10 厘米以上。畦作小麦通常采用全层施肥的方法，即先将肥料均匀地撒在地表，然后翻地，将肥料翻入土中，然后耙地，作畦，播种，此时肥料主要在下层，少部分肥料分布在上层土壤里，翻地深度不低于 20 厘米，以免肥料过于集中，影响小麦出苗。

玉米施用长效尿素时，要注意防止烧种、烧苗。种子与肥料之间的间隔应不低于 10 厘米。对于 10 月下旬即进入低温期的北方地区，可考虑在秋季将长效尿素深施入土,然后起垄或作畦,翌年开春即抢墒播种。

大豆施用长效尿素时,要注意既能满足大豆对氮素的需要,又不妨碍根瘤正常固氮。长效尿素采用侧深施方式,即深开沟侧位施肥,合垄后在另一侧等距离点播或条播种子。每亩10千克左右为宜。北方地区也可采用类似玉米秋季施肥的方式。

棉花垄作时,采用条施。先开15厘米深的沟,将长效尿素均匀撒入沟内,必要时与其他肥料一起施在沟内,然后合垄,常规播种。新疆地区的大垄双行棉花,在垄中间开20厘米深的沟,将长效尿素和其他肥料一起混匀撒入沟内,覆土压实,然后两侧播种。在干旱、半干旱的北方棉区,秋季施肥也是值得推广的一种方式。

(七)氮肥安全施用技术

1. 氮肥施用量的确定

(1)氮肥用量与肥效的关系 在一定氮肥用量范围内,随着施氮量增加作物产量也逐步提高,但每单位氮肥增产效益下降。这就是在施肥上出现的报酬递减现象。

氮肥合理用量不是越多或越少越好,而要兼顾产量、质量和收益几个方面,以得到优质高产高收益。这时的氮肥用量称为氮肥安全合理施用量。

氮肥安全合理用量是变化的。因为随着磷、钾肥相应增加,作物品种和其他生产条件的改善,报酬递减也会相应增强。

（2）氮肥用量的确定方法　氮肥用量确定方法主要有：①养分平衡法，即根据无肥区带走的养分数量确定氮肥用量；②肥料效应函数法，即根据产量与相应施肥量的函数关系确定氮肥用量；③测土施肥法，即依据土壤有效养分含量测试值确定氮肥用量；④营养诊断法，以作物体养分含量测试值为主要依据确定氮肥用量；⑤配方施肥法，以上几种施肥法的综合应用。这些方法，氮肥和磷、钾肥都可应用，它们各有长处，也有不足之处。有的过于繁琐，有的测试值或系数难以准确。

以产定氮确定施肥量在我国应用范围较广。氮素化肥在土壤中残效小，氮肥施用量与作物产量之间的关系极为密切，作物产量越高，氮肥的用量也要相应增加。采用以产定氮法确定施肥量，虽然属于半定量，但由于它是各地大量肥效试验的统计，其结果接近实际生产情况。该方法的优点是施用方便，容易推广。例如，耐肥品种在磷、钾肥较充足的情况下，氮肥的用量应适当偏上限；腐熟农家肥用量较多或土壤肥力较高时，氮肥用量可适当偏下限；在气温低和墒情较差时，氮肥用量应适当偏高。

2. 影响氮肥效果的因素

（1）土壤条件　土壤条件是确定氮肥品种及其安全施用技术的依据。应根据土壤特性选择氮肥，一般石灰性或碱性土壤可施酸性或生理酸性氮肥，如硫酸铵、氯化铵，这些肥料除了能中和土壤碱性外，在碱性条件下铵态氮比较容易被作物吸收；而在酸性土壤可选择施用碱性或生理碱性氮肥，如硝酸钠、硝酸钙、硝酸铵钙或石灰氮等，一方面可降低土壤酸性，另一方面在酸性条件下作物容易吸收硝态氮。在盐碱土中不宜施用氯化铵，以免增加盐分，影响作物生长。

（2）**作物营养特性**　作物的氮素营养特点是决定氮肥合理分配的内在因素。如水稻、玉米、小麦等作物需要较多氮肥，香蕉、甘蔗、叶菜类蔬菜等需氮肥更多，而豆科作物有根瘤固定空气中的氮素，因而对氮肥需要较少。

不同作物对氮肥种类的反应不同，一般禾谷类作物施用硝态氮和铵态氮均可，叶菜类多喜硝态氮。水稻施用铵态氮肥，尤以氯化铵、碳酸氢铵和尿素效果好，硫酸铵虽然也是铵态氮肥，但在水田中常还原生成硫化氢，妨碍水稻根的呼吸。马铃薯施用铵态氮肥较好，尤其是硫酸铵，因硫对马铃薯的生长有利。忌氯作物如烟草、淀粉类作物、葡萄等应少施或不施氯化铵。烟草施用硝酸铵较好，能改善烟叶品质。多数蔬菜施用硝态氮肥效果好，萝卜施用铵态氮肥会抑制其生长。甜菜施用硝酸钠效果好。番茄幼苗期喜铵态氮，结果期则以硝态氮为好。

作物不同生育期施氮肥的效果不一样，考虑作物不同生育期对养分的要求，掌握适宜的施肥时期和施肥量，是经济有效施用氮肥的关键。在作物施肥的关键时期（如营养临界期）或最大效率期施肥，增产作用显著。如玉米在抽穗开花前后需要养分最多，重施穗肥能获得显著增产；早稻要重施蘖肥、稳施穗肥、补施粒肥；果树要重施腊肥。

（3）氮肥的性质　肥料本身的特性与氮肥合理分配密切相关。干旱地区宜施用硝态氮肥，多雨地区或多雨季节宜施用铵态氮肥。碳酸氢铵、氨水、尿素、硝酸铵一般不宜用作种肥，氯化铵不宜施在盐碱土和低洼地，也不宜施在棉花、烟草、甘蔗、马铃薯、葡萄、甜菜等忌氯作物上。

凡是铵态氮肥都要深施、盖土，防止挥发，由于它们都是速效肥，宜作追肥，适于水田、旱地施用；硝态氮肥在土中移动性大、肥效快，适于旱地追肥。

3. 氮肥施用原则

（1）氮肥与其他肥料配合　在缺乏有效磷和有效钾的土壤单施氮肥效果很差，增施磷、钾肥还有可能增产。因为在缺磷、钾的情况下，蛋白质和许多重要含氮化合物很难形成，严重影响作物生长。各地试验已经证明，氮肥与适量磷、钾肥以及中、微量元素肥料配合，增产效果显著。氮肥与有机肥配合施用，可取长补短，缓急相济，互相促进，既能及时满足作物营养关键时期对氮素的需要，同时有机肥还具有改土培肥的作用，做到用地养地相结合。

粮食作物秸秆中含氮少而碳多，氮碳比 1：70～90，而微生物分解有机物适宜的氮碳比约1：25，因而微生物要顺利分解有机物需要吸收部分土壤中的氮。有人认为微生物每分解 100 千克秸秆至少要加入 0.8 千克氮。因此，在增施新鲜秸秆肥时，前期要适当增施氮肥，防止土壤短期内氮素不足。

（2）氮肥深施 氮肥深施不仅能减少氮素的挥发、淋失和反硝化损失，还可以减少杂草和稻田藻类对氮素的消耗，从而提高氮肥的利用率。

（3）氮肥增效剂应用 氮肥增效剂又名硝化抑制剂，其作用是抑制土壤中亚硝化细菌活动，从而抑制土壤中铵态氮的硝化作用，使施入土壤中的铵态氮肥能较长时间以铵离子（NH_4^+）形式被胶体吸附，防止硝态氮的淋失和反硝化作用，减少氮素非生产性损失。

4. 氮肥安全施用技术 氮肥安全施用的目的在于减少氮肥损失，提高氮肥利用率，充分发挥氮肥的最大增产效益。

（1）基肥 基肥是整地或翻耕时施用的肥料，又称底肥。在施用农家肥、磷肥或磷、钾肥的同时施足氮肥，可以满足作物苗期对养分的需求，有利于壮苗，因此基肥充足是获得高产的基础。

基肥应占作物全生育期氮肥用量的比例，视不同作物、土壤而不同。

经济作物种类多，营养特性多样化，对基肥用量要求也不同。例如，烟草氮肥施用的原则是"前期足而不过量，后期少而不缺乏"，才能保证烟叶的质量。南方烟区亩产黄烟 150 千克左右的中肥力烟田，全生育期需施氮肥（N）5～6 千克，基肥应占 60% 左右。甘蔗、棉花、甘蓝型油菜等产量高、需肥量大，一般分多次施用氮肥，基肥占全生育期用量的 30%～40%。春植甘蔗，基肥每亩用氮肥（N）2～3 千克，甘蓝型油菜用 1 千克左右。花生、大豆等作物在幼苗期根瘤未形成或数量很少时，固氮能力弱，也应重视基肥，每亩施氮肥（N）2～3 千克，约占全生育期氮肥用量的 62%。

多年生作物如茶、果树的基肥和底肥是不一样的。底肥是在定植或改种换植时结合深耕改土施用的肥料。基肥有多种形式，如茶树扦插定植或种子直播时施入，或者每年秋、冬施入茶园。底肥以施用农家肥等迟效肥为主，主要作用是改善土壤肥力，为作物后期生长奠定良好的土壤基础。基肥以施用农家肥和磷、钾化肥为主，增施少量氮肥。苹果树、梨树的基肥即秋施肥，结果盛期的树每株基施氮肥（N）0.2～0.4 千克；茶树每亩基肥为氮肥（N）2～3 千克，基肥占全生育期氮肥用量的 1/3 左右。

粮食作物如北方冬小麦、春玉米、春季稻和南方的中稻等作物，生育期较长（150 天左右），一般采取基肥、追肥并重，约各占全生育期氮肥用量的 50%。如果每亩产粮食 400 千克左右，全生育期大致施氮肥（N）12 千克，基肥用量约 6 千克。南方双季稻、春小麦，北方麦茬晚稻以及干旱地区的早熟作物，生育期短，壮苗早发是增产的关键，基肥应重施，约占全生育期氮肥用量的 70%。干旱又缺乏灌溉条件的中低产地区，追肥作用往往不大，多采取一次性施足基肥，不再追肥。这些地区如果亩产粮食 200 千克左右，基施氮肥（N）6～7 千克。

作物氮肥做基肥施用量还要考虑土壤条件，应掌握"瘦地或黏性土多施，肥田或沙性土少施"的原则。在瘦地或黏性土壤，粮食作物的基肥用量可占全生育期氮肥用量的 60% 左右，肥田或沙性土壤 30%～40% 为宜。因为瘦地苗期易缺肥，沙地保肥性差，易渗漏，尤其在水田和多雨的坡地，以"少吃多餐"为宜。此外，挥发性强的碳铵、氨水应作基肥深施，可减少氮素损失。

（2）种肥 种肥是播种或移栽时施用的肥料。在施足基肥时，一般不需要再施种肥。如果无基肥或基肥不足，小麦、玉米、谷子、高粱等旱作物可用少量氮肥做种肥，每亩用尿素或硫铵 4～6 千克；为防止出苗率下降，不要与种子直接接触。种肥用量虽少，但能促进幼苗早发、苗壮。

（3）追肥 经济作物种类多，追肥期、追肥量差异大。如棉花生育期长，一般分苗肥、蕾肥、花铃肥、盖顶肥。苗肥要早施，每亩施氮肥（N）1～2千克，如果棉田长势旺，应推迟施；蕾肥要稳施，每亩施氮肥（N）约2千克，肥力中等时宜在现蕾初期施，肥力偏高时可在盛蕾期施；花铃肥要重施，每亩施氮肥（N）3～4千克，如果棉花徒长，应减少用肥量；盖顶肥要巧施，当出现棉株早衰，每亩施氮肥（N）0.5～1千克，未出现早衰不必追施，以避免贪青晚熟。又如春植甘蔗，虽然氮肥用量不宜过多，但要施苗肥、壮蘖肥、拔节肥和壮尾肥，壮蘖肥和拔节肥每亩分别追氮肥（N）3～4千克，苗肥和壮尾肥分别追2～3千克（根据甘蔗生长情况进行适当调整）。

茶、果树等多年生作物追肥次数多，用肥量也较大。如茶园追肥，亩产干茶200～300千克，一般要施氮肥（N）20～30千克。茶园按春、夏、秋、晚秋4次施肥，各次用肥比例约1∶0.6∶0.6∶0.3。广东等地丰产茶园，全年追施氮肥（N）50～60千克，追肥次数多达10次左右。又如结果期梨树，追肥一般分4次进行，花前肥、花后肥、果实膨大肥、采收后肥，每株分别追尿素0.2～0.4千克、0.3～0.5千克、0.4～0.6千克、0.1～0.3千克。由于品种、土壤、产量等情况不同，施肥量和施肥次数要灵活掌握。

粮食作物如北方春玉米、冬小麦、单季稻和南方中稻等作物生长期较长，在施用基肥的情况下，如果亩产 400 千克左右，亩追施氮肥（N）约 6 千克。一般分 2 次追肥，分蘖期或拔节期应重追，穗肥少追，如果作物长势好，穗肥也可不追。南方双季稻，北方麦茬晚稻、春小麦等作物生育期较短，追肥宜早不宜晚。双季稻采用"前促后保"施肥，氮肥约 2/3 做基肥，1/3 做追肥，一般在移栽后 7 天左右追施。春小麦在分蘖前后追施，亩用氮肥（N）3～5 千克。夏玉米可追拔节肥，如果基肥或种肥不足，可亩用氮肥（N）5～6 千克，否则应减少用肥量。

二、磷肥安全施用

（一）过磷酸钙

过磷酸钙 [Ca（H_2PO_4）$_2$ · H_2O＋$CaSO_4$]，别名普通过磷酸钙，简称普钙，含有效磷（P_2O_5）12%～20%，占我国目前磷肥总产量的 70% 左右。

1. 性质 过磷酸钙是疏松多孔的粉状或粒状物，因磷矿杂质含量不同而呈灰白色、淡黄色、灰黄色或褐色等。呈微酸性。主要成分是磷酸一钙 [Ca（H_2PO_4）$_2$ · H_2O]，副成分是硫酸钙（$CaSO_4$），还有少量游离磷酸、游离硫酸、磷酸二钙及磷酸铁、铝、镁等。

过磷酸钙的利用率较低,一般只有 10%～ 25%,其主要原因是生成溶解度低、有效性较差的稳定性磷化合物。在中性和微酸性土壤中施入过磷酸钙,有效性最高。pH6.5～7.5 的土壤,磷肥施入后呈磷酸一氢离子（HPO_4^{2-}）和磷酸二氢离子（$H_2PO_4^-$）存在,是作物最有效、最易吸收利用的形态。

2. 施肥方式 过磷酸钙有效成分易溶于水,是速效磷肥。适用于各种作物及大多数土壤。可以用作基肥、追肥,也可以用作种肥和根外追肥。过磷酸钙不宜与碱性肥料和尿素混用,以免发生化学反应而降低磷的有效性。与硫酸铵、硝酸铵、氯化钾、硫酸钾等有良好的混配性能。

用作基肥时,对于速效磷含量较低的土壤,一般每亩施用量 50 千克左右,耕作之前匀撒一半,结合耕地,播种前再撒一半,结合整地浅施入土,达到分层施磷的效果。如果与有机肥混合用作基肥,每亩施用量 20～25 千克。也可采用沟施、穴施等集中施用方法。

作追肥时,一般每亩用量 20～30 千克。注意要早施、深施,施到根系密集层为好。

作种肥时,每亩用量 10 千克左右。

根外追肥时,一般用 1%～3%溶液在开花前或抽穗前喷施。

（二）重过磷酸钙

重过磷酸钙 $[Ca(H_2PO_4)_2 \cdot H_2O]$，简称重钙，也叫三倍过磷酸钙。通常含有效磷（$P_2O_5$）45%～50%，主要成分为一水磷酸二氢钙。占我国目前磷肥总产量的 1.3% 左右。

1. 性质　外观呈灰白色或暗褐色，是高浓度微酸性磷肥，大部分为水溶性五氧化二磷（P_2O_5），还有少量硫酸钙（$CaSO_4$）、磷酸铁（$FePO_2$）和磷酸铝（$AlPO_4$）、磷酸一镁 $[Mg(H_2PO_4)_2]$、游离磷酸和水等。

重钙不含硫酸铁、硫酸铝，几乎全部由磷酸一钙组成，在土壤中不发生磷酸退化作用。在碱性土壤及喜硫作物中，重钙效果不如普钙。

2. 施肥方式　重过磷酸钙有效成分易溶于水，是速效磷肥。适用土壤及作物类型、施用方法等与过磷酸钙非常相似，但是由于磷含量高，应注意施用量和施肥方法（均匀施肥）。另外，由于重钙中不含硫，对于一些喜硫作物如马铃薯、豆科以及十字花科作物的效果不如过磷酸钙（等磷量情况下）。重过磷酸钙与硝酸铵、硫酸铵、硫酸钾、氯化钾等有良好的混配性能，但与尿素混合会引起加成反应，产生游离水，使肥料的物理性能变坏，因此生产中只能有限掺混。由于重过磷酸钙含磷量比较高，不宜用于拌种和蘸根。

（三）钙镁磷肥

钙镁磷肥占我国目前磷肥总产量的 17% 左右，仅次于普通过磷酸钙，其主要成分是磷酸三钙，含 P_2O_5、MgO、CaO、SiO_2 等。

1. 性质　钙镁磷肥是一种含磷酸根（PO_4^{3-}）的硅铝酸盐玻璃体，呈微碱性（pH 8～8.5），根据所用原料及操作条件不同，成品呈灰白或浅绿、墨绿、黑褐色细粉状。不吸潮，不结块，无毒，无嗅，对包装材料没有腐蚀性，长期贮存不因自然条件变化而变质。有效成分及其含量为 P_2O_5 12%～20%，MgO 8%～20%，CaO 25%～40%，SiO_2 20%～35%。

钙镁磷肥是枸溶性肥料，肥效较慢，但有后效，其有效磷以磷酸根（PO_4^{3-}）的形态分散在钙镁磷肥玻璃网络中，在土壤中不易被铁、铝所固定，也不易被雨水冲洗而流失。当遇土壤溶液中的酸和作物根系分泌的酸时，缓慢地转化为易溶性磷酸盐被植物吸收。

钙镁磷肥除含有磷素外，还含有大量的镁、钙，少量钾、铁和微量的锰、铜、锌、钼等，大量的钙离子可减轻镉、铅等重金属离子对作物的危害。其中有 8%～20% 的氧化镁（MgO），是叶绿素的重要构成元素，能促进光合作用，加速作物生长；含有 25%～40% 的氧化钙（CaO），能中和土壤酸性，起到改良土壤的作用；含有 20%～35% 的二氧化硅（SiO_2），能提高作物的抗病能力。

2. 施肥方式 钙镁磷肥广泛适用于各种作物和缺磷的酸性土壤，特别适合于南方钙、镁淋溶较严重的酸性红壤。钙镁磷肥施入土壤后，磷需经酸溶解、转化才能被作物利用，属于缓效肥料。

钙镁磷肥多用作基肥。一般结合深施，将肥料均匀施入土壤，使其与土壤充分混合，每亩用量15～20千克。南方水田可以蘸秧根，每亩用量10千克左右。如果与优质有机肥混拌，应堆沤1个月以上，沤好的肥料可作基肥、种肥。

钙镁磷肥不能与酸性肥料混用。不要直接与普钙、氮肥等混合施用，但可以配合、分开施用。钙镁磷肥对于吸收枸溶性磷能力强的作物如油菜、萝卜、豆科绿肥、瓜类作物效果显著。稻田施用钙镁磷肥可以补硅。

三、钾肥安全施用

(一) 氯化钾

氯化钾 (KCl) 是高浓度速效钾肥，也是用量最多、施用范围较广的钾肥品种。

1. 性质 氯化钾由钾石盐 (KCl·NaCl)、光卤石等钾矿提炼而成，也可用卤水结晶制成。因矿源不同，一般纯度为含氯化钾 90%～95%、60%～63%，肥料中还含有少量的钠、镁、钙、溴和硫酸根等。一般呈白色或浅黄色结晶，有时含有少量铁盐而成红色。

氯化钾物理性状良好，吸湿性小，溶于水，呈化学中性反应，也属于生理酸性肥料。有粉状和粒状两种形态。粉状肥料可以直接施用，也可同其他养分肥料配制成复混（合）肥。粒状肥料主要用于散装掺和肥料，又称为BB肥。

2. 施肥方式 氯化钾适合作基肥或早期追肥，少数对氯敏感的作物一般不宜施用。氯化钾也不宜作种肥和根外追肥。氯化钾是生理酸性肥料，在酸性土壤上如大量施用，也会由于酸度增强而促使土壤中游离铁、铝离子增加，对作物产生毒害。因此，在酸性土壤中施氯化钾，应配合施用石灰，以提高肥效。氯化钾不适于在盐碱地上长期施用，否则会加重土壤的盐碱性。在石灰性土壤中，残留的氯离子与土壤中钙离子结合，形成溶解度较大的氯化钙，在排水良好的土壤中，能被雨水或灌溉水排走；在干旱或排水不良的地区，会增加土壤氯离子浓度，对作物生长不利，因此这些地区应控制氯化钾或氯化铵的用量。

氯化钾是速效性钾肥，可以做基肥和追肥。由于氯离子对土壤和作物不利，应作基肥、早施，使氯离子从土壤中淋洗出去。氯化钾应配合氮、磷肥施用，以提高肥效。

氯化钾适用于水稻、麦类、玉米，特别适用于麻类作物，氯对提高纤维含量和质量有良好的作用，但对马铃薯、甘薯、甜菜、甘蔗、柑橘、茶树等经济作物不宜过量施用，对烟草则不宜施用，因为烟叶吸收氯离子后不易燃烧，从而影响其品质。

盐湖钾肥更适合在南方施用。因为南方多雨、排灌频繁，氯、钠、镁大部分被淋失，其残留量在较长时间内不至引起土壤盐害。盐湖钾肥的肥效与进口等养分氯化钾相当，但物理性状不太好，杂质多，施用时要防止其灼伤叶片。

（二）硫酸钾

硫酸钾（K_2SO_4）是高浓度速效钾肥，不含氯离子，理论含钾（K_2O）54.06%，一般为50%，还含硫（S）约18%，适用于各种作物。但货源少，价格较高，目前我国主要应用在烟草、苹果、茶树、葡萄、甘蔗、甜菜、西瓜、薯类蔬菜等对硫敏感及喜硫、喜钾的经济作物上，既能提高产量，又能改善品质。

1. 性质 无色结晶体，纯品中含氧化钾54%。吸湿性极小，不易结块，易溶于水。不溶于有机溶剂，能生成二元、三元化合物（如 $K_2SO_4 \cdot MgSO_4 \cdot 6H_2O$）。农用硫酸钾一般含氧化钾46%～52%。

硫酸钾是一种高效生理酸性肥料，施入土壤后，钾离子可被作物直接吸收利用，也可以被土壤胶体吸附，而硫酸根（SO_4^{2-}）残留在土壤溶液中形成硫酸。长期施用硫酸钾会增加土壤酸性。在石灰性土壤中，残留的硫酸根与土壤中钙离子作用生成硫酸钙（$CaSO_4$），即石膏，会填塞土壤孔隙，造成土壤板结。硫酸钾除含有钾外，还含有作物生长需要的中量元素硫，一般含硫在18％左右。

2. 施肥方式 本品为化学中性、生理酸性肥料，长期施用应适当与石灰配合。可作基肥，也可作追肥，但以基肥为好。亩施用量一般10～20千克。块根、块茎作物每亩可施10～25千克。在水田中施用硫酸钾，水量不宜太大，施后不要立即排水，以免肥分流失。在旱田施用，可以干施，也可湿施。干施时可掺4～5倍的湿润土，湿施浓度在5％左右。

（三）钾肥安全施用技术

我国土壤普遍缺氮，大部分缺磷。所以钾肥在缺钾土壤上施用，必须配合氮肥、磷肥及其他养分施用，才能有较好的增产效果。钾肥在土壤中移动性小，应施于根系密集的土层。

1. 水稻秧田肥 钾肥用于秧田面施要比本田面施用量多，一般每亩施用钾肥（K_2O）8～10千克。施肥前先把秧板做好，将钾肥直接撒在秧板上，耙入泥浆中，耥平，即可播种。草木灰可结合盖秧施用，每亩用量60～80千克，应与湿土拌和，防止被风吹散。如果钾肥用于秧田追肥，宜早施，一般在秧苗3片叶以前，追前应与细干土或细土粪拌和，也可在没有露水时直接撒施，每亩用钾肥（K_2O）约5千克。

2. 水稻本田肥 钾肥易溶于水，易渗漏，施用时本田水不宜过多，应将多余的水排走，然后撒施，再耙匀，施平，插秧。施肥后 3～5 天内不要排水，同时尽量避免串灌和干湿交替排灌，减少土壤中钾素淋失和固定。钾肥用于水稻本田基肥的施用方法与氮、磷化肥类似，不再重复。

3. 旱地作物基肥　钾肥往往与氮、磷肥一起做基肥，撒施、沟施或穴施，不同作物的施用方法与氮、磷肥一样。钾肥也不能表施，否则作物根系很难吸收，也易引起钾的固定或淋失。青海盐湖钾肥和碱性较强的草木灰、窑灰钾肥呈粉末状，应做基肥，少做追肥，以免沾附烧伤幼苗。

4. 根外喷肥　作物生长期间（尤其是密植作物）表现缺钾时，可进行根外喷肥，作为根际施肥的补充。喷洒浓度一般为 1% 左右，即每亩每次用氯化钾或硫酸钾 0.5 千克，加水 50 升。叶面喷施 2 次，在作物生育中后期进行，每次相隔 7～10 天。

氯化钾和硫酸钾的施用方法一样，除烟草等忌氯作物和低洼盐碱地不宜施用外，与等养分硫酸钾肥效一样，能改善作物品质，施用合理对土壤不会造成不良影响。

四、中量元素肥料安全施用

（一）含钙肥料

1. 石灰　石灰是最主要的钙肥，为强碱性，除能补充作物钙营养外，对酸性土壤能调节土壤酸碱程度，改善土壤结构，促进土壤有益微生物活动，加速有机质分解和养分释放；减轻土壤中铁、铝离子对磷的固定，提高磷的有效性；杀死土壤中病菌和虫卵，消灭杂草。

(1) 生石灰　主要成分为氧化钙（CaO），通常用石灰石烧制而成，含氧化钙 90%～96%。如果是用白云石烧制的，则称镁石灰，含氧化钙 55%～85%，还有氧化镁 10%～40%，兼有镁肥的效果。贝壳类含有大量碳酸钙，也是制石灰的原料，壳灰是用贝壳类烧制而成的，其氧化钙的含量螺壳灰为 85%～95%，蚌壳灰为 47% 左右。生石灰中和土壤酸度的能力很强，可以迅速矫正土壤酸度，还有杀虫、灭草和消毒的功效。

(2) 碳酸石灰　主要成分是碳酸钙（$CaCO_3$）。由石灰石、白云石或贝壳类磨细而成。其溶解度小，中和土壤酸度的能力缓和而持久。

2. 石膏　农用石膏主要成分为硫酸钙。硫酸钙的溶解度很低，水溶液呈中性，属生理酸性肥料，主要用于碱性土壤，消除土壤碱性，起到改良土壤和提供作物钙、硫营养的目的。

(1) 生石膏　即普通石膏，俗称白石膏，主要成分为 $CaSO_4 \cdot 2H_2O$，含钙（Ca）量约 23%。由石膏矿直接粉碎而成，粉末状，微溶于水，粒细，有利于溶解，供硫能力和改土效果较好，通常以

60 目筛孔为宜。除钙外，还含硫（S）18.6%。

（2）**熟石膏**　又称雪花石膏，其主要成分为 $CaSO_4 \cdot 1/2H_2O$，含钙（Ca）约 25.8%。由生石膏加热脱水而成。吸湿性强，吸水后变为生石膏，物理性质变差，施用不便，宜贮存在干燥处。除钙外，还含硫（S）20.7%。

（3）**磷石膏**　主要成分为 $CaSO_4 \cdot 2H_2O$，约占 64%，其中含钙（Ca）约 14.9%。磷石膏是硫酸分解磷矿石制取磷酸后的残渣，是生产磷铵的副产品。其成分因产地而异，一般含硫（S）11.9%，含五氧化二磷 2% 左右。

除石灰、石膏外，硝酸钙、氯化钙可溶于水，多用作根外追肥；硝酸钙、氯化钙、硫酸钙（石膏）、磷酸氢钙等还常用作营养液的钙源。此外，过磷酸钙、磷矿粉、沉淀磷酸钙、钙镁磷肥、钢渣磷肥等也是钙肥的重要来源。

硝酸钙、氯化钙、氢氧化钙可用于叶面喷施，浓度因肥料、作物而异，在果树、蔬菜上硝酸钙喷施浓度为 0.5%～1%，氯化钙一般 0.3%～0.5%（大白菜有时用 0.7%）。

3. 石灰施用技术　酸性土壤施用石灰能起到治酸增钙的双重效果，但是确定石灰需要量是个复杂问题。一般每亩施用 40～80 千克较适宜，旱地红壤及冷烂田、锈水田等酸性强的土壤施用石灰效果较好，用量可多一些，酸性小的土壤用量则适当减少。质地黏的酸性土应适当多施，沙质土应少施。此外，随着土壤熟化程度的提高，土壤酸性减小，石灰用量亦应减少，基本熟化的土壤每亩施50千克即可，初步熟化的土壤每亩施 75～100 千克。

石灰可基施，也可追施。基施石灰在整地时与农家肥一起施入土壤，也可结合绿肥压青和稻草还田进行，水稻秧田每亩施熟石灰 15～25 千克，本田 50～100 千克；旱地 50～70 千克。如用于改土，可适当增加用量，每亩 150～250 千克。在缺钙土壤上种植大豆、花生以及块根作物等喜钙作物，每亩用石灰 15～25 千克，沟施或穴施；白菜和甘薯可在幼苗移栽时用石灰与农家肥混匀穴施，均有良好效果。如果整地时没能施用石灰做基肥，可在作物生育期间追施。水稻一般在分蘖和幼穗分化始期结合中耕每亩追施石灰 25 千克左右。旱地追施石灰可条施或穴施，以每亩 15 千克左右为宜。

施用石灰应注意不要过量，否则会使土壤肥力下降，并易引起土壤结构变化。除施用量适当外，还应注意施用均匀，否则会造成局部土壤石灰过多，影响作物正常生长。沟施、穴施时应避免与种子或植物根系接触。为了充分发挥石灰改土的增产效果，必须配合农家肥及氮、磷、钾肥施用。石灰施用后有 2～3 年的效果，不要年年施用。

4. 石膏施用技术 石膏是改善土壤钙营养状

况的另一种重要钙肥，它不但提供 26%～32.6% 的钙素，还可提供 15%～18% 的硫素。在我国东北、华北和西北干旱、半干旱地区，分布许多碱化土壤，这类土壤需石膏来中和碱性，以改善土壤物理结构。

（1）改良碱地　为了改良碱土，石膏多做基肥施用，并结合灌溉排水进行。由于一次施用难以撒匀，可结合双季稻及冬播小麦耕翻整地，分期分次施用，以每次每亩施 150～200 千克为宜。同时，结合粮、棉和绿肥间套作或轮作，不断培肥土壤，效果较好。施用时，石膏要尽可能磨细，才能提高效果。石膏的溶解度小，但后效长，除当年见效外，第二年、第三年也有较好效果，不必年年施用。如果碱土呈斑状分布，其碱斑面积不足 15% 时，石膏最好撒在碱斑面上。为了提高改土效果，应与种植绿肥或与农家肥和磷肥配合施用。

磷石膏是生产磷铵的副产品，含氧化钙略少于石膏，但价格便宜，并含有少量磷素，也是较好的钙肥和碱土改良剂。用量比石膏多施 1 倍为宜。

（2）作为钙素和硫素营养　我国华南地区中性或微酸性土壤，农民也有施用石膏的习惯。在低山丘陵谷地的翻浆田、发僵田，每亩用石膏 1.5～2 千克，与其他农家肥混合给水稻蘸秧根，或苗期第一次耙草耘田时，每亩用 2.5～5 千克混合农家肥给水稻做塞蔸肥，能起到促进返青、提早分蘖的效果。

旱地施石膏应先将石膏磨碎，撒于土壤表面，再结合耕耙做基肥，也可做种肥条施或穴施。石膏基施时每亩用量15～25千克，做种肥每亩用量4～5千克。

（二）含镁肥料

1. 常用含镁肥料 含镁硫酸盐、氯化物和碳酸盐都是专用镁肥，但由于价格高，只在一些经济作物上施用。农业上常用的含镁矿物主要有白云岩和石灰岩烧制的生石灰，既含镁还含有丰富的钙，既可当镁肥又可当钙肥施用。钙镁磷肥、脱氟磷肥、硅镁钾肥、钾钙肥等都含有镁。一些工矿业副产品或下脚废料中也含有丰富的镁，如钢铁炉渣、炭化煤球渣、粉煤灰、水泥窑灰等都含有一定成分的镁。晒盐副产物苦卤及由苦卤提取的钾镁肥，也含有丰富的镁。

2. 镁肥安全施用 镁肥的效应与土壤供镁水平密切相关。土壤氧化镁含量多在3～25克/千克。一般北方土壤含镁量都在10克/千克以上。西北栗钙土和棕钙土高达20克/千克以上。南方除紫色土以外，含镁量都较少，如红壤氧化镁含量为0.6～3克/千克，一般不能满足果树的需要。

（1）优先施用在缺镁的土壤 酸性土、高度淋溶的土壤、沼泽土、沙质土易发生缺镁，施用镁肥效果比较显著。钙镁磷肥中含有约10%以上的氧化镁，以钙镁磷肥为主要磷源的地区，一般不必再施用镁肥。硫酸钾镁肥是近年来引起重视的肥种，以硫酸钾镁为钾源的土壤或施用以硫酸钾镁为原料制成的复混肥料（掺混肥料）的土壤，也不必再单独施用镁肥。

（2）优先施于需镁较多的作物　镁对多年生牧草、蔬菜、葡萄、烟草、果树及禾谷类作物中的黑麦、小麦等有良好反应；对甜菜、橡胶、油橄榄、可可等也有效果。

（3）按镁肥的种类选择施用　各种镁肥的酸碱性不同，对土壤酸度的影响不一，故在红壤上表现的效果不一致，其肥效顺序为：碳酸镁＞硝酸镁＞氧化镁＞硫酸镁。水溶性镁肥宜作追肥，微水溶性则宜作基肥。每亩用镁（Mg）量为1～1.5千克。

镁肥可用作基肥或追肥。对需镁较多的甘蔗、菠萝、油棕、香蕉、棉花、烟草、马铃薯、玉米等作物，一般每亩施硫酸镁12～15千克。应用根外追肥纠正缺镁症状效果快，但肥效不持久，应连续喷施几次。例如，为克服苹果缺镁症，可在开始落花时，每隔14天喷洒2%硫酸镁溶液3～5次，一般每亩每次喷施肥液30～80千克，其肥效比土壤施肥快。

（三）含硫肥料

1. 硫肥的种类　含硫肥料种类较多，大多是氮、磷、钾及其他肥料的成分，如硫酸铵、普钙、硫酸钾、硫酸钾镁、硫酸镁等，但只有硫黄、石膏被作为硫肥施用。

（1）**硫黄**　硫黄一般含硫 $95\%\sim99\%$，难溶于水，后效长，施入土壤后经微生物氧化为硫酸盐后，才能被作物吸收利用。

（2）**石膏**　石膏是碱土的化学改良剂，也是重要的硫肥。农用石膏分生石膏、熟石膏及含磷石膏。生石膏由石膏矿石直接粉碎过筛而成，呈粉末状，微溶于水。熟石膏由生石膏加热脱水而成，易吸湿，吸水后变为生石膏。含磷石膏是用硫酸法制磷酸的残渣，含硫酸钙约 64%，并含有 2% 左右的磷（P_2O_5）。

2. 硫肥施用技术

（1）**施用量**　各地硫肥施用量有差异。水稻缺硫时施用硫肥，一般每亩 $6\sim12$ 千克石膏或 2 千克硫黄。黑龙江省提出水稻每亩施用硫酸铵 5.6 千克。对一般作物来说，土壤有效硫低于 16 毫克/千克时，施硫才有增产效果；土壤有效硫大于 20 毫克/千克，一般不需要施用硫肥。否则，会使土壤酸化并减产。

十字花科、豆科作物以及葱、蒜、韭菜等都是需硫多的作物，对硫反应较敏感，在缺硫时应及时供应少量硫肥。禾本科作物对硫敏感性较差，比较耐缺硫，需施硫较多才能显出肥效。

硫肥用量的确定，除了视土壤有效硫和作物需硫量外，还要考虑氮/硫比值。试验表明，只有氮/硫比值接近 7 时，氮和硫才能得到有效的利用。但不同的土壤氮、硫含量基础不同，氮/硫比值有差异，需灵活掌握。

（2）硫肥品种选择　硫酸铵、硫酸钾及含微量元素的硫酸盐肥料均含有硫酸根，这种含硫酸根的硫肥作物易于吸收。普通过磷酸钙及石膏也是常用含硫肥料，在施用时着眼于硫素的作用，同时要考虑带入的其他元素引起的营养不平衡问题。施用矿物硫（硫黄），虽元素单纯，但需经微生物分解以后才能有效，因此它的肥效快慢与高低受到土壤温度、酸碱度和硫黄颗粒大小的影响，一般颗粒细的硫黄粉效果较好。硫黄粉虽比硫酸盐肥料肥效慢，但其后效期长，一般只要用量充足，一次施硫黄粉，第二年可以不再施用，其后效与上年相似。

（3）施用时间与施用方法　我国温带地区（黄河流域及黄河以北地区）硫酸盐类可溶性硫肥春季施用比秋季好。在热带、亚热带地区（长江以南广东、广西、海南以及江西、湖南、福建等）宜夏季施用，因为夏季高温，作物生长旺盛，需硫量大，适时施硫肥既可及时供应作物硫素营养，又可补充雨季硫的流失。

硫肥施用方法视作物生长与需要而定。基肥于播种前耕耙时施入，通过耕耙使之与土壤充分混合，并达到一定深度，以促进其分解转化。根外喷施硫肥可作为辅助性措施，矫正缺硫症还应施基肥。有人认为，在干旱、半干旱地区可溶性硫酸盐溶于水，喷施土面比固体肥料撒施效果好。石膏、硫黄蘸秧根是经济施用硫肥的有效方法，对缺硫水稻每亩用 2～3 千克，肥效胜过 10～20 千克撒施的效果。

五、微量元素肥料安全施用

（一）锌肥

目前农业生产上常用的锌肥为硫酸锌、氯化锌、碳酸锌、螯合态锌、硝酸锌、尿素锌等。主要成分及性质见表 1-2。

表 1-2　常见含锌肥料成分及性质

名称	含锌（Zn）量（%）	主要性质	适宜施肥方式
七水硫酸锌	20～30	无色晶体，易溶于水	基肥、种肥（浸种、蘸秧根）、追肥（喷施）
一水硫酸锌	35	白色粉末，易溶于水	基肥、种肥（浸种、蘸秧根）、追肥（喷施）
氧化锌	78～80	白色晶体或粉末，不溶于水	基肥、种肥、追肥
氯化锌	46～48	白色粉末或块状，易溶于水	基肥、种肥、追肥

名称	含锌（Zn）量（%）	主要性质	适宜施肥方式
硝酸锌	21.5	无色四方晶体，易溶于水	基肥、种肥、追肥（喷施）
碱式硫酸锌	55	白色粉末，溶于水	基肥、追肥、蘸秧根
碱式碳酸锌	57	白色细微无定型粉末，不溶于水	基肥、追肥、种肥
尿素锌	11.5～12 14	白色晶体或粉状微晶粉末，易溶于水	基肥、追肥（喷施）
螯合锌	9	液态，易溶于水	追肥（喷施）
氨基酸螯合锌	10	棕色，粉状物，易溶于水	喷施、蘸秧根、拌种

1. 硫酸锌施用方法　硫酸锌施用方法见表 1-3。

2. 锌肥安全施用技术　锌肥可用作基肥、追肥和种肥。

作基肥时每亩施用 1～2 千克，可与生理酸性肥料混合施用。轻度缺锌地块隔 1～2 年再行施用，中度缺锌地块隔年或于翌年减量施用。

常用作根外追肥，一般作物喷施浓度 0.02%～0.1% 溶液，玉米、水稻 0.1%～0.5% 溶液。水稻在分蘖、孕穗、开花期各喷一次 0.2% 硫酸锌溶

表1-3 七水硫酸锌施用方法与亩施用量

作物	基肥	追肥	蘸秧根	喷施	浸种	拌种
水稻	大田面肥1千克，种肥3千克	移栽后10~30天追施1~1.5千克	用0.3千克配成0.5%~2%泥浆	配成0.1%~0.3%溶液，每10天左右喷1次	用0.1%硫酸锌溶液浸种24~48小时	用1%~1.5%硫酸锌包被，即每100千克种子用硫酸锌1.5千克
玉米	1~2千克，开沟条施或单腿耧串施	用1~2千克拌细土10~15千克，条施或穴施		配成0.2%硫酸锌溶液，苗期至拔节期喷施2次（间隔7天），每次50~70升溶液	用0.02%~0.05%硫酸锌溶液浸种6~8小时	每千克种子用硫酸锌4~6克配成溶液
小麦	1~2千克，与农家肥混合撒施	1~2千克，返青至拔节期串施于麦行间，深5~6厘米		配成0.2%硫酸锌溶液，拔节、孕穗期各喷1次，每次50~70升	用0.05%硫酸锌溶液浸种12小时	每千克种子用硫酸锌6~8克，配成2%溶液，喷在种子上

（续）

作物	基肥	追肥	蘸秧根	喷施	浸种	拌种
棉花	1千克，撒施后翻地	用硫酸锌1千克拌细土10~15千克，条施或穴施		用0.2%硫酸锌溶液于苗期、现蕾期叶喷1次，每次50~70升		
油菜	1.5千克，拌土或农家肥撒施			用0.1%硫酸锌溶液于苗期、抽薹期各喷1次		
大豆花生	2千克，拌土或与农家肥混匀撒施			用0.1%硫酸锌溶液在开花期、苗期喷1次		

（续）

作物	基肥	追肥	蘸秧根	喷施	浸种	拌种
甘薯	1千克，与农家肥混匀后撒施	1克硫酸锌拌细土10~15千克，团棵期穴施		用0.2%~0.3%硫酸锌于团棵期喷2次，间隔7~10天		
蔬菜	2~4千克，拌细土10~15千克，撒施，翻耕			用0.1%~0.2%硫酸锌溶液在苗期、旺长期各喷1次		
果树				缺锌时用0.2%硫酸锌溶液喷施，也可与酸性农药混合喷施		

液；果树可在萌芽前 1 个月喷施 3%～4% 溶液，萌发后用 1%～1.5% 溶液喷施，或用 2%～3% 溶液涂刷枝条，一年生枝条 2～3 次，或在初夏时喷施 0.2% 硫酸锌溶液。

种肥常采用浸种或拌种的方法，浸种用浓度 0.02%～0.1%，12 小时，阴干后翻种。拌种每千克种子用 2～6 克硫酸锌，玉米可用 2～4 克。氧化锌可用作水稻蘸秧根，每亩用量 200 克，配成 1% 悬浊液，浸蘸秧苗根 30 秒。也可制成悬浮剂直接喷施。

作基肥时，每亩施用量不超过 2 千克，喷施浓度不要过高，否则会引起毒害。锌肥在土壤中移动性差，且容易被土壤固定，要撒均匀；喷施要均匀喷在叶片上。锌肥不要和碱性肥料、碱性农药混合，否则会降低肥效。锌肥有后效，不需要连年施用，一般隔年施用效果好。

（二）硼肥

常见硼肥的种类和性质见表 1-4。

表 1-4　常用硼肥的种类和性质

品名	含硼量（%）	备注
硼酸	16.1～16.6	易溶于水
十水合硼酸二钠（硼砂）	10.3～10.8	易溶于水
五水四硼酸钠	约 14	微溶于水
四硼酸钠（无水硼砂）	约 20	溶于水
十硼酸钠（五硼酸钠）	约 18	易溶于水
硼玻璃	10～17	枸溶性缓效硼肥

1. 油菜

基肥：在缺硼土壤每亩用 0.5 千克硼砂拌细干土 10～15 千克，或与农家肥、化肥混合均匀，开沟条施或穴施于土中，不要使硼肥直接接触种子（直播）或幼根（移栽）。施用硼肥不宜深翻或撒施，不要施用过量。每亩条施硼砂 2.5 千克以上会降低出苗率，甚至死苗减产。

喷施：用 0.2％硼砂水溶液或 0.1％硼酸水溶液在油菜苗后期（花芽分化前后）、抽薹期（薹高 15～30 厘米）、花期各喷 1 次，苗后期每亩用肥液 50 升左右，抽薹期和花期 80～100 升，喷后遇雨应重喷。

配合施用：硼肥与农家肥和氮、磷化肥配合施，能更好地发挥增产潜力。每亩用 0.5 千克硼砂配合农家肥 1～2 吨，氮肥（纯 N）12.5～17.5 千克、磷肥（P_2O_5）6 千克施用，效果较好。

2. 棉花

基肥：每亩用硼砂 0.5 千克拌细干土 10～15 千克，在播种前开沟条施或穴施于土中，不要使硼肥接触种子，不要任意超量施硼肥，以免浪费肥料，并过量中毒。

追肥：每亩用硼砂 0.5 千克拌细干土 10～15 千克，在棉花苗期进行土壤追施，也可与化肥混合均匀一起追施，离棉苗 7～10 厘米开沟或挖穴施入。

人工喷施：用 0.2％硼砂水溶液或 0.1％硼酸水溶液于棉花蕾期、初花期、花铃期各喷 1 次，每亩每次喷量 50～80 升。

飞机喷施：运五飞机携带常量喷雾设备，作业时速小于每秒 4 米，飞行时速每秒 160 千米，飞行高度距棉花 5～7 米，作业幅度 50 米，用 4％硼砂水溶液喷雾，每亩每次用肥液 2.5 升。

3. 豆科作物

基肥：每亩用硼砂 0.4～0.5 千克，拌细干土 10～15 千克，施于播种沟（或穴）种子的一侧，不要接触种子，播后盖土。

喷施：用 0.2％硼砂水溶液或 0.1％硼酸水溶液，大豆于苗期至开花期、蚕豆于苗期至初花期、花生于苗期至结荚期喷施 2～3 次，每亩每次用肥液量 50～75 升。

4. 经济作物

基肥：甜菜每亩用硼砂 0.5～0.7 千克拌细干土 10～15 千克，或用硼镁肥 7～10 千克，条施或穴施于土壤中，施后盖土。苎麻基施硼砂，每亩用 1～1.5 千克拌细干土 10～15 千克，撒施于土壤中。

喷施：用 0.2％硼砂水溶液，甜菜于苗期、繁茂期、块根形成期各喷 1 次；甘蔗于苗期、分蘖期、伸长期各喷 1 次；烟草在苗至旺长期喷施

2～3次；芝麻在蕾期、花期各喷1次；向日葵在见盘至开花期喷施2～3次。每次每亩喷量50～80升。

5. 果树

基施：苹果每株基施硼砂100～150克（视树体大小而异）于树的周围。缺硼板栗，以树冠大小计算，每平方米施硼砂10～20克较为合适，要施在树冠外围须根分布很多的区域。例如幼树冠10米^2，可施硼砂150克，大树根系分布广，要按比例多施些。但施硼量过多，每平方米树冠超过40克，就会发生药害。其他果树也可采用同样方法施硼。

喷施：果树施硼以喷施为主，喷施浓度略高于一般大田作物，硼砂可用0.2%～0.3%浓度水溶液，硼酸可用0.1%～0.2%浓度水溶液；柑橘在春芽萌发展叶前及盛花期各喷1次；苹果在花蕾期和盛花期各喷1次；桃、杏和葡萄在花蕾期和初花期各喷1次；肥料溶液用量以布满树体或叶面为宜。

6. 蔬菜 以喷施为主，喷施浓度一般为0.1%～0.2%的硼砂水溶液。番茄在苗期和开花期各喷1次；花椰菜在苗期和莲座期（或结球期）各喷1次；扁豆在苗期和初花期各喷1次；萝卜和胡萝卜在苗期及块根生长期各喷1次；马铃薯在蕾期和初花期各喷1次；每次每亩50～80升。其他蔬菜一般在生长前期喷施效果较好。

7. 粮食作物

基肥：水稻、玉米、小麦等粮食作物每亩施硼镁肥 5～7.5 千克或硼砂 0.5 千克。

喷施：用 0.2% 硼砂或 0.1% 硼酸水溶液，水稻于孕穗期和开花期各喷 1 次；小麦于孕穗期和灌浆期各喷 1 次；玉米于苗期和小喇叭口期各喷 1 次。每次每亩 50～80 升。

（三）锰肥

目前常用的锰肥是硫酸锰，其次是氯化锰、氧化锰、碳酸锰等，硝酸锰也逐渐被采用。常见锰肥的成分及性质见表 1-5。

表 1-5 常见锰肥的成分与性质

名称	含锰（%）	水溶性	适宜施肥方式
硫酸锰	31	易溶	基肥、追肥、种肥
氧化锰	62	难溶	基肥
碳酸锰	43	难溶	基肥
氯化锰	27	易溶	基肥、追肥
硫酸铵锰	26～28	易溶	基肥、追肥、种肥
硝酸锰	21	易溶	基肥
锰矿泥	9	难溶	基肥
含锰炉渣	1～2	难溶	基肥
螯合态锰	12	易溶	喷施、拌种
氨基酸螯合锰	10～16	易溶	喷施、拌种

1. 粮食作物　小麦对锰较为敏感，在缺锰土壤施锰肥效果很好，适合做基肥、追肥和种肥。

基肥：在小麦播种前每亩用2～4千克硫酸锰（或相当数量的其他锰肥），加适量农家肥或细干土10～15千克，拌匀，条施在播种沟的一侧，施后盖土。锰肥有后效，隔年施一次可满足小麦需要。

追肥：在小麦苗期至孕穗期喷施0.1%～0.2%硫酸锰溶液2～3次。土壤追肥每亩用1～2千克硫酸锰，在小麦苗期至拔节期进行，掺细干土10～15千克或适量农家肥，于小麦一侧开沟施入，盖土。

种肥：拌种每千克种子用4～8克硫酸锰，先用少量水溶解，均匀喷洒在种子上，拌匀、阴干后即可播种。浸种用0.05%～0.1%硫酸锰溶液浸泡12～24小时（或浸泡过夜），捞出晾干即可播种。

大麦、谷子等禾谷类作物施锰肥，可参照小麦。玉米对锰的反应不如小麦敏感，喷施锰肥可在苗期至大喇叭口期，喷施0.1%～0.2%硫酸锰溶液2次。

2. 油料作物　基施每亩1～3千克硫酸锰（或相当数量的其他锰肥），拌适量农家肥或细干土10～15千克，穴施入土壤，施后盖土。喷施是常用的方法，一般用0.1%～0.2%硫酸锰溶液在作物生长阶段喷施1～3次，喷施时期以苗期至初花期效果较好。油料作物一般不采用拌种和浸种。土壤追施对油料作物也有较好效果，在作物生长前期每亩用 1～2 千克硫酸锰，掺和适量农家肥或其他化肥，离作物 10 厘米左右处挖穴，均匀施入土中，施后盖土。

3. 经济作物 棉花可采用施基肥、土壤追施或叶面喷施。严重缺锰土壤每亩用 2～4 千克硫酸锰或其他锰肥做基肥，拌细干土 10～15 千克（或适量农家肥和生理酸性化肥），穴施或条施。轻度缺锰土壤可采用追肥和叶面喷施，追肥每亩 2～3 千克硫酸锰，拌细干土 10～15 千克或生理酸性化肥，在苗期至初花期距棉株 6～9 厘米处沟施或穴施。叶面喷施，在苗期、初花期和花铃期用 0.2％硫酸锰溶液各喷 1 次，也可在土壤追施的同时在初花期至花铃期喷施 1 次，都有较好的效果。

烟草可采用施基肥和叶面喷施。施基肥每亩 2～4 千克硫酸锰；叶面喷施 0.2％硫酸锰溶液，于苗期至生长旺期喷施 2～3 次。

4. 果树 蔬菜以基肥和喷施为主。基施硫酸锰一般每亩 2～4 千克，掺和适量农家肥或细干土 10～15 千克，穴施或条施，施后盖土；喷施用 0.1％～0.2％硫酸锰溶液在苗期至生长盛期（或初花期）喷 2～3 次，每次间隔 7～10 天。

5. 果树 以喷施为主，也可土壤追施。喷施一般用 0.2％～0.3％硫酸锰溶液。柑橘在春芽萌发展叶前及盛花后各喷 1 次；苹果在花蕾期和盛花后各喷 1 次。土壤追肥在早春进行，每株用硫酸锰 200～300 克（视树体大小而异）施于树干周围，施后盖土。追施加喷施，效果更好。

（四）钼肥

我国钼肥的主要品种为钼酸铵、钼酸钠等。常用含钼肥料种类和性质见表 1-6。

表 1-6　常用钼肥种类和性质

钼肥名称	含钼量（%）	主要性状	应用
钼酸铵	50～54	黄白色结晶，溶于水，含氮6%左右	基肥、根外追肥
钼酸钠	35～39	青白色结晶，溶于水	基肥、根外追肥
三氧化钼	66	难溶	基肥
含钼玻璃肥料	2～3	难溶，粉末状	基肥
含钼废渣	10	含有效钼1%～3%，难溶	基肥
氨基酸钼	10	棕色粉末状，溶于水	根外追肥

1. 基肥　在作物播种前每亩用 10～50 克钼酸铵（或相当数量的其他钼肥）与常量元素肥料混合施用，或者喷涂在一些固体物料的表面，条施或穴施。施钼肥的优点是肥效可持续 3～4 年。由于钼肥价格昂贵，一般不采用基施方法。

2. 追肥 在作物生长前期每亩用 10～50 克钼酸铵（或相当数量的其他钼肥）与常量元素肥料混合条施或穴施，也能取得较好效果，并有后效。因钼肥价格昂贵，一般也不采用土壤追肥。

3. 种子处理 种子处理是钼肥施用最常见的方法，有浸种和拌种两种方式。

浸种适用于吸收溶液少而慢的种子，如稻谷、棉籽、绿肥种子等。浸种肥液浓度一般 0.05％～0.1％，种子与肥液的比例 1∶1，即每千克种子用肥液 1 升。浸泡时间 8～12 小时，捞出后阴干即可播种。用浸种方法施肥时，土壤墒情要好，否则在土壤很干燥的情况下会使发芽受到影响，出苗不齐。一般浸种还需结合叶面喷施才能取得良好效果，否则因肥料量太少，增产效果不明显。

拌种适用于吸收溶液量大而快的种子，如豆类。拌种量一般每千克种子用 2～3 克钼酸铵。拌种时先按拌种量计算出所需钼酸铵量和所需溶液量。先将肥料用少量热水溶解，然后用冷水稀释到所需溶液量，将种子放入容器内搅拌，使种子表面均匀沾上肥液，晾干后播种；或将种子摊开在塑料布上，用喷雾器把肥液喷到种子上，一边喷一边拌，使每粒种子均匀沾上肥液，晾干后即可播种。

4. 叶面喷施 叶面喷施是钼肥最常用的方法。根据不同作物的生长特点，在营养关键期喷施，可取得良好效果，并能在作物出现缺钼症状时及时有效矫治。喷施肥液浓度为 0.05％～0.1％。喷施时期，豆科作物在苗期至初花期，冬小麦在返青至拔节期，叶菜类在苗期至生长旺期，果菜类在苗期至初花期。喷施应在无风晴天下午 4 时进行，每隔 7～10 天喷 1 次，共喷 2～3 次，每次每亩用肥液量 50～75 升。

（五）铜肥

主要含铜肥料见表 1-7。

表 1-7　主要含铜肥料成分及性质

品　种	含铜量（％）	溶解性	适宜施肥方式
硫酸铜	25～35	易溶	基肥、种肥、叶面施肥
碱式硫酸铜	15～53	难溶	基肥、追肥
氧化亚铜	89	难溶	基施
氧化铜	75	难溶	基施
含铜矿渣	0.3～1	难溶	基施
螯合状铜	18	易溶	种肥、喷施
氨基酸螯合铜	10～16	易溶	种肥、喷施

目前常用的铜肥是硫酸铜（$CuSO_4 \cdot 5H_2O$），深蓝色块状结晶或蓝色粉末。有毒，无臭，带金属味，含铜 24％～25％，相对密度 2.284，于干燥空气中风化脱水成为白色粉末物。能溶于水、醇、甘油及氨液，水溶液呈酸性。加热 30℃，失去部分结晶水变成淡蓝色；至 150℃时失去全部结晶水，成为白色无水物；继续加热至 341℃，开始分解生

成二氧化硫、氧化铜（黑色）。无水硫酸铜具有极强的吸水性，与氢氧化钠反应生成氢氧化铜（浅蓝色沉淀）。

硫酸铜可用作基肥、种肥、追肥，主要用于种子处理和根外追肥。禾谷类作物浸种采用0.01%～0.05%溶液。根外追肥用 0.02%～0.4%硫酸铜溶液。玉米拌种每千克用 0.05 克硫酸铜，若作基肥，每亩 1.5～2 千克，每隔 3～5 年施一次。

1. 基肥 每亩施用硫酸铜 0.2～1 千克，不同作物施用量见表 1-8。一般将硫酸铜混在 10～15 千克细干土内，在播种前开沟施入播种行两侧，也可与农家肥或氮、磷、钾肥混合基施。在沙性土壤最好与农家肥混施，以提高保肥能力。一般铜肥后效较长，每隔 3～5 年施 1 次。

表 1-8 几种作物施硫酸铜的建议用量

作物	亩施用量（千克）	施用时期
柑橘	0.46	5 年 1 次
油桐	0.46	5 年 1 次
小粒谷物	0.40	最初施用
玉米	0.40	最初施用
大豆	0.20～0.40	最初施用
菜用玉米	0.15～0.45	最大量每亩 1.5～3.0 千克
蔬菜	0.30～0.45	最大量每亩 2.3 千克
小麦	0.50～1.00	5 年 1 次

2. 种子处理

（1）拌种 每千克种子拌硫酸铜 1 克，将硫酸铜先用少量水溶解，然后用喷雾器或喷壶均匀地喷在种子上，拌匀，阴干后即可播种。

（2）浸种 称取 10～50 克硫酸铜，加水 100 升，配成 0.01%～0.05% 浓度硫酸铜水溶液，将种子放入溶液内浸泡 24 小时后捞出，阴干后播种。

3. 喷施 称取 20～200 克硫酸铜，加水 100 升，配成 0.02%～0.2% 浓度的水溶液，在作物苗期或开花前喷施，每次每亩用液量 50～75 升。果园可结合防治病虫害与波尔多液混合（1 千克硫酸铜、1 千克生石灰，各加水 50 升，制成溶液后混合）喷施，最适宜喷施时期是早春，既可防治病害，又可提供铜素营养。

（六）铁肥

目前，我国市场上销售的铁肥仍以价格低廉的无机铁肥为主，如硫酸亚铁。有机铁肥主要制成含铁制剂销售，如氨基酸螯合铁、EDDHA 类等螯合铁、柠檬酸铁、葡萄糖酸铁等。

硫酸亚铁（$FeSO_4 \cdot 7H_2O$），又称黑矾、绿矾。外观为浅绿色或蓝绿色结晶，含铁（Fe）19%～20%，含硫（S）11.5%，易溶于水，有一定的吸湿性。性质不稳定，在空气中极易被氧化为棕红色硫酸铁，特别是在高温和光照强烈的条件下更易被氧化。因此，须将硫酸亚铁放置于不透光的密闭容器中，并置于阴凉处存放。适于做基肥、种肥、叶面追肥。

三氯化铁（$FeCl_3 \cdot 6H_2O$）深黄色结晶，含铁（Fe）20.6%，含氯（Cl）39.3%，易溶于水，吸湿性强。作物对三价 Fe^{3+} 的利用率较低，而且营养液的 pH 较高时，三氯化铁易产生沉淀而降低有效性。现较少单独施用三氯化铁作为营养液的铁源。适于叶面追肥。

螯合铁肥如氨基酸螯合铁肥、乙二胺四乙酸铁（EDTA-Fe）、乙二胺邻羟基苯乙酸铁（EDDHA-Fe）等，适用的 pH、土壤类型范围广，肥效高，吸湿性强。适于叶面追肥。

羟基羧酸盐肥包括氨基酸铁肥、柠檬酸铁、葡萄糖酸铁等。土施可提高土壤铁的溶解吸收，促进土壤钙、磷、铁、锰、锌的释放，提高铁的有效性。氨基酸铁、柠檬酸铁成本低于 EDTA 铁类，可与许多农药混用，对作物安全。

尿素铁络合物 $\{Fe[(NH_2)_2CO]_6 \cdot (NO_3)_3\}$，含铁 9.2%，含氮 34.8%。固体，天蓝色颗粒，吸湿性小，不易挥发，易溶于水，在空气中稳定，便于贮藏运输。适于做基肥、追肥和叶面喷施。

硫酸亚铁铵 $[(NH_4)_2SO_4FeSO_4 \cdot 6H_2O]$ 含铁 14%，含氮 7%，含硫 16%。透明浅蓝绿色单斜结晶固体。溶于水，不溶于醇。常温避光贮存时不起变化。可做基肥、种肥、追肥和叶面喷施用。

作物缺铁引起叶片失绿甚至顶端坏死，不容易矫治，因为铁在作物体内移动性较差，采用叶面喷施硫酸亚铁的方法，往往是沾铁肥的部位可以复绿，而没有沾铁肥的部分效果较差。土壤施肥，由于缺铁的作物难以利用高价铁，虽然施入土壤的铁是低价铁（二价铁），但在土壤中很快被氧化形成高价铁，同样难被作物吸收。目前矫治缺铁主要是改进施用技术和研发不同品种的铁肥。在我国生产实践中施用的铁肥以硫酸亚铁为主。

1. 叶面喷施 果树缺铁可用 0.2%～1% 有机螯合铁或硫酸亚铁溶液叶面喷施，每隔 7～10 天喷1 次，直至复绿为止。硫酸亚铁应在喷洒时配制，不能存放。配制成的硫酸亚铁溶液应为淡绿色，没有沉淀，如溶液变成赤褐色或产生大量赤褐色沉淀，说明低价铁已经氧化成高价铁，喷施后也不会有好的效果。如果配制硫酸亚铁溶液的水偏碱或钙含量偏高，形成沉淀和氧化的速度会加快。为了减缓沉淀生成，减缓氧化速度，在配制硫酸亚铁溶液时，在 100 升水中先加入 10 毫升无机酸（如盐酸、硝酸、硫酸），也可加入食醋 100～200 毫升（100～200 克），使水酸化后再用已经酸化的水溶解硫酸亚铁。

我国已试生产了一些有机螯合铁肥，如氨基酸螯合铁肥、黄腐酸铁、铁代聚黄酮类化合物。施用氨基酸螯合铁肥或黄腐酸铁时，可喷施 0.1％浓度的溶液，肥效较长，效果优于硫酸亚铁。叶面喷施除用于果树、林木外，也可用于一年生作物。

2. 树干埋藏 只用于多年生木本如果树、林木等。在树干中部用直径 1 厘米左右的木钻钻深1～3 厘米向下倾斜的孔，穿过形成层至木质部，向孔内放置 1～2 克固体螯合铁或硫酸亚铁，孔口立即用油灰或橡皮泥封固，没有油灰或橡皮泥时用黄泥也可，外面再涂一层接蜡或熔化的固体石蜡，以防止雨水渗入、昆虫产卵或病菌滋生。这种方法利用树液流动将硫酸亚铁缓慢溶解，随蒸腾流运送到新生部位。由于施入后立即封固，控制了硫酸亚铁的氧化。每株树钻 1 个施肥孔即可。

树干埋藏是一种防治果树缺铁的有效方法，但投入劳力较多，且易感染病虫害，受伤后易于流胶的树种如桃树、松柏类树木不宜采用。

3. 输液法 用 0.3％～1％的硫酸亚铁或螯合铁溶液注射到树干内，将注射针头插入树干，然后将输液瓶挂在树干上，让树体慢慢吸收溶液。有人用 75％硫酸亚铁溶液 500 毫升采用输液法输入一株 6 龄的缺铁旱柳，经 24 小时全部输完，3 天后全株变绿，生长很快恢复正常。

4. 根灌 在作物根系附近开沟或挖穴，一年生作物深 10 厘米，多年生作物深 20～25 厘米，每株开沟或挖穴 5～10 个，用 2％螯合铁溶液灌入沟或穴中，一年生作物每沟或每穴灌 0.5～1 升，多年生作物每沟或每穴灌 5～7 升。待自然渗入土壤后即可覆土。

5. 涂树干 对 1～3 年生幼树或苗木，用毛刷将 0.3%～1% 有机铁肥溶液环状刷涂在侧枝以下的主干上，刷涂宽度 20～30 厘米。

6. 局部富铁 将 2～3 千克硫酸亚铁或螯合铁与优质农家肥 100～150 千克混均匀，在成龄树冠下挖放射状沟 5～7 条，沟深 25～30 厘米，将混有硫酸亚铁或螯合铁的农家肥分施于沟内，然后覆土，一年生作物在根系附近开沟，沟深 15～20 厘米，每亩 500～1 000 千克。

第二讲
有机肥料安全施用

一、有机肥料

（一）有机肥料种类

有机肥料来源广泛。含有机质并能提供作物需要的养分，对农作物无副作用的物料均可以生产成为有机肥料。1990 年农业部在全国 11 个省（区）广泛开展有机肥料调查的基础上，根据有机肥料的资源特性和积制方法，将有机肥料归纳为粪尿类、堆沤肥类、秸秆肥类、绿肥类、土杂肥类、饼肥类、海肥类、腐植酸类、农业城镇废弃物和沼气肥等 10 大类，并收集了 433 个肥料品种（表 2-1）。

表 2-1　有机肥料种类

粪尿类	人粪尿、猪粪尿、马粪尿、骡粪尿、驴粪尿、羊粪尿、兔粪、鸡粪、鸭粪、鹅粪、鸽粪、蚕沙、狗粪、鹌鹑粪、貂粪、猴粪、大象粪、蝙蝠粪等

（续）

秸秆肥类	水稻秸秆、小麦秸秆、大麦秸秆、玉米秸秆、荞麦秸秆、大豆秸秆、油菜秸秆、花生秸秆、高粱秸、谷子秸秆、棉花秆、马铃薯藤、烟草秆、辣椒秆、番茄秆、向日葵秆、西瓜藤、草莓秆、麻秆、冬瓜藤、南瓜藤、绿豆秆、豌豆秆、香蕉茎叶、甘蔗茎叶、洋葱茎叶、芋头茎叶、黄瓜藤、芝麻秆等
绿肥类	紫云英、苕子、金花菜、紫花苜蓿、草木樨、豌豆、箭筈豌豆、蚕豆、萝卜菜、油菜、田菁、柽麻、猪屎豆、绿豆、豇豆、泥豆、紫穗槐、三叶草、沙打旺、满江红、水花生、水浮莲、水葫芦、蒿草、苦刺、金尖菊、山杜鹃、黄荆、马桑、青草、粒粒苋、小葵子、黑麦草、印尼大绿豆、络麻叶、苜蓿、空心莲子草、葛薄、红豆草、茅草、含羞草、马豆草、松毛、蕨菜、合欢、马樱花、大狼毒、麻栎叶、绊牛豆、鸡豌豆、菜豆、薄荷、野烟、麻柳、山毛豆、秧青、无芒雀麦、橡胶叶、稗草、狼尾草、红麻、巴豆、竹豆、过河草、串叶松香草、苍耳、飞蓬、野扫帚、多变小冠华、大豆、飞机草等
饼肥类	豆饼、菜籽饼、花生饼、芝麻饼、茶籽饼、桐籽饼、棉籽饼、柏籽饼、葵花籽饼、蓖麻籽饼、胡麻饼、烟籽饼、兰花籽饼、线麻籽饼、栀籽饼等

注：摘自全国农业技术推广服务中心《中国有机肥料资源》。

（二）有机肥料作用

1. 有机肥料的营养作用 有机肥料富含作物生长所需的养分，能源源不断供给作物生长。有机质在土壤中分解产生二氧化碳，可作为作物光合作用的原料，有利于作物产量提高。

提供养分是有机肥料主要的作用。有机肥养分全面，不仅含有作物生长必需的 16 种营养元素，还含有其他有益于作物生长的元素，能全面促进作物生长。有机肥料所含的养分多以有机态形式存在，通过微生物分解转变成为植物可利用的形态，可缓慢释放，长久供应作物养分。

2. 有机肥料能改良土壤 有机肥料能提高土壤有机质含量，更新土壤腐殖质组成成分，改善土壤物理性状，增加土壤保肥、保水能力，增肥土壤。

土壤有机质是土壤肥力的重要指标，是形成良好土壤环境的物质基础，土壤有机质由土壤中未分解、半分解有机物残体和腐殖质组成。施入土壤中的新鲜有机肥料在微生物作用下分解转化成简单化合物，同时经过生物化学作用又重新组合成土壤特有的大分子高聚有机化合物，为黑色或棕色有机胶体，即腐殖质。腐殖质是土壤中稳定的有机质，对土壤肥力有重要影响。

有机肥料在腐解过程中产生羟基类配位体，与土壤黏粒表面或氢氧聚合物表面多价金属离子相结合，形成团聚体，加上有机肥料密度一般比土壤小，施入土壤的有机肥料能降低土壤容重，改善土壤通气状况，减少土壤栽插阻力，使耕性变好。有机质保水能力强，比热容较大，导热性小，颜色又深，较易吸热，调温性好。

有机肥料在土壤溶液中离解出氢离子，具有很强的阳离子交换能力，施用有机肥料可增强土壤保肥性能。土壤矿物质颗粒吸水量最高为 50%～60%，腐殖质吸水量为 400%～600%，施用有机肥料，可增加土壤持水量，一般可提高 10 倍左右。有机肥料既有良好的保水性，又有不错的排水性，能缓和土壤干湿差，使作物根部土壤环境不至于水分过多或过少。

3. 有机肥料能刺激作物生长　有机肥料是土壤中微生物取得能量和养分的主要来源，施用有机肥料有利于土壤微生物活动，从而促进作物生长发育。微生物活动中的分泌物或死亡后的残留物，不只是氮、磷、钾等无机养分，还能产生谷酰氨基酸、脯氨酸等多种氨基酸、维生素，还有细胞分裂素、植物生长素、赤霉素等植物激素。少量的维生素和植物激素可促进作物生长发育。

4. 有机肥料能净化土壤环境　增施鸡粪或羊粪等有机肥料后，土壤中有毒物质对作物的毒害可大大减轻或消失。有机肥料的解毒原因在于有机肥料能提高土壤阳离子代换量，增加对镉的吸附；同时，有机质分解的中间物与镉发生螯合作用，形成稳定性络合物而解毒，有毒的可溶性络合物可随水下渗或排出农田，提高了土壤自净能力；有机肥料还能减少铅毒害，增加对砷的固定。

（三）有机肥料施用原则

粗制有机肥料一般施用量较大，除秸秆还田用量不宜过高外，大多亩施用量 1 000～2 000 千克，而且主要作基肥，一次施入土壤。部分粗制有机肥料（如粪尿肥、沼气肥等）因速效养分含量相对较高，释放也较快，可作追肥施用，但多用在蔬菜和经济作物上。绿肥和秸秆还田一般应注意耕翻时间和分解条件。

有机肥料和化肥配合施用，是提高化肥和有机肥肥效的重要途径。在有机、无机肥料配合施用时应注意二者的比例以及搭配方式。许多研究表明，有机肥含氮量与氮肥含氮量1∶1增产效果最好。除了与氮素化肥配合外，有机肥料还可与磷、钾及中量元素、微量元素肥料配合施用，也可与复混肥料配合施用。

二、商品有机肥

有机肥又称农家肥，主要来自农村和城市可用做肥料的有机物，包括人、畜、禽粪尿、作物秸秆、绿肥等，它是我国传统农业的物质基础。有机肥来源广泛、品种多，几乎一切含有有机物质并能提供多种养分的物料都可以称为有机肥。有机肥料除能提供作物养分、维持地力外，在改善作物品质、培肥地力等方面起着重要作用，实行有机肥料与化肥相结合的施肥制度十分必要。随着农业的发展，工厂化生产有机肥的企业大量涌现，有机肥已超出农家肥的局限向商品化方向发展。国家已经发布了有机肥农业行业标准（表 2-2）。

表 2-2　有机肥料技术指标（NY525—2002）

项目		指标
有机质（以干基计），%	≥	30
总养分（N+P_2O_5+K_2O），%	≥	4.0
水分（游离水），%	≤	20
酸碱度，pH		5.5～8.0

三、秸秆肥料

（一）秸秆资源与养分含量

据报道，我国农作物秸秆年总产量达 7 亿多吨，其中稻草 2.3 亿吨、玉米秸 2.2 亿吨、小麦秸1.2 亿吨、豆类和秋杂粮作物秸秆约 1 亿吨，花生、薯类藤蔓、甜菜叶、甜菜糖渣和甘蔗糖渣约 1 亿吨。

秸秆中含有大量的有机质和氮、磷、钾、钙、镁、硫、硅、铜、锰、锌、铁、钼等营养元素。主要作物秸秆的营养元素含量见表 2-3。

表 2-3　主要作物秸秆营养元素含量（烘干物）

种类	大量及中量元素（克/千克）						微量元素（毫克/千克）						
	N	P	K	Ca	Mg	S	Si	Cu	Zn	Fe	Mn	B	Mo
稻草	9.1	1.3	18.9	6.1	2.2	1.4	94.5	15.6	55.6	1134	800	6.1	0.88

（续）

种类	大量及中量元素（克/千克）						微量元素（毫克/千克）						
	N	P	K	Ca	Mg	S	Si	Cu	Zn	Fe	Mn	B	Mo
小麦秸	6.5	0.8	10.5	5.2	1.7	1.0	31.5	15.1	18.0	355	62.5	3.4	0.42
玉米秸	9.2	1.5	11.8	5.4	2.2	0.9	29.8	11.8	32.2	493	73.8	6.4	0.51
高粱秸	12.5	1.5	14.2	4.6	1.9	1.9	143	46.6	254	127	7.2	0.19	
甘薯藤	23.7	2.8	30.5	21.1	4.6	3.0	17.6	12.6	26.5	1023	119	31.2	0.67
大豆秸	18.1	2.0	11.7	17.1	4.8	2.1	15.8	11.9	27.8	536	70.1	24.4	1.09
油菜秸	8.7	1.4	19.4	15.2	2.5	4.4	5.8	8.5	38.1	442	42.7	18.5	1.03
花生秸	18.2	1.6	10.9	17.6	5.6	1.4	27.9	9.7	34.1	994	164	26.1	0.60
棉秆	12.4	1.5	10.2	8.5	2.8	1.7		14.2	39.1	1463	54.3		

（二）主要农作物秸秆的品质

碳氮比（C/N）小的秸秆，提供速效养分较好，但有机质残留少；C/N 大的秸秆，养分释放缓慢，但腐殖系数高，有机质残留多，对改善土壤物理性状有利。一般认为，C/N 在 20～25 的秸秆，增产、肥田和改土效应都能兼顾。各种豆秸、花生秸的 C/N 在 25～30，含氮量比较高，是秸秆中品质最好的一种。C/N 小的秸秆应粉碎后作饲料，或经处理后作有机肥原料。

各种农作物秸秆按有机肥料品质分级评价见表2-4，其中甘薯藤、大豆、绿豆、花生等作物秸秆品质为二级，其余均属三级。

表 2-4　主要农作物秸秆品质评价

秸秆种类	粗有机物		N		P		K		评价	
	克/千克	分数	克/千克	分数	克/千克	分数	克/千克	分数	总分	级别
稻草	813	25	9.1	24	1.3	6	18.9	12	67	3
小麦秸	830	25	6.5	24	0.8	3	10.5	12	64	3
大麦	925	25	5.6	24	0.9	3	13.7	12	64	3
玉米秸	871	25	9.2	24	1.5	6	11.8	12	67	3
豆秸	896	25	18.1	32	2.0	6	11.7	12	75	2
油菜秸	850	25	8.7	24	1.4	6	19.4	12	67	3
花生秸	886	25	18.2	32	1.6	6	10.9	12	75	2
向日葵	920	25	8.2	24	1.1	6	17.7	12	67	3
甘薯藤	834	25	23.7	32	2.8	6	30.5	12	79	2
绿豆秸	854	25	15.8	32	2.4	6	10.7	12	75	2
高粱	796	20	12.5	24	1.5	6	14.2	12	62	3
谷子	933	25	8.2	24	1.0	6	17.5	12	67	3

（三）秸秆肥生产方法

1. 原料预处理

（1）铡碎　将秸秆用铡草机切为 3～5 厘米的碎段。

（2）润湿　将铡碎的秸秆用水润湿，加水量为原料湿重的 60%～75%。

（3）调碳氮比　将湿润后的秸秆碎段加尿素，调碳氮比 25∶1。

（4）调酸碱度　在上述物料中用石灰或草木灰调至 pH6.5～8，一般用石灰 2%～3% 或草木灰

3%～5%。

（5）加生物菌剂 将生物菌剂与物料混合均匀，进行发酵腐熟处理，使秸秆中的纤维素等物质分解，制成质量较好的有机肥。加菌量按施用菌种说明书中规定的量添加。

（6）发酵处理秸秆 选用堆放式或槽式、塔式等发酵设施。目前，采用自走式多功能翻抛机（兼有喷菌、粉碎、混料功能）进行秸秆发酵处理，具有易操作、功效高等特点。在发酵过程中需进行通气供氧、翻堆、加液、温控、湿控等工作。

2. 生产工艺

（1）小型有机肥料厂生产工艺

添加物
↓

原料 → 堆制发酵 → 干燥 → 混合 → 造粒 → 计量包装 → 产品

（2）大、中型有机复混肥料厂生产工艺

添加物
↓

原料 → 发酵 → 混合 → 造粒 → 烘干 → 冷却 → 筛分 → 计量包装 → 产品

（四）秸秆肥安全施用

秸秆肥中含有作物所需的各种营养元素，是补充耕地有机质的主要来源，对改善土壤理化性状、提高土壤有机质含量、提高土壤肥力作用显著。秸秆肥适用于各种土壤、各种作物，其肥效持久，宜做基肥施用，结合深耕翻土，有利于土肥相融，提高肥效。一般亩施商品秸秆有机肥 150～300 千克；与化肥配合施用，可缓急相济，互为补充。

四、粪肥

(一)家畜粪尿肥

家畜粪尿含有丰富的有机质和各种营养元素，经堆沤熟化后的肥料称为圈肥（厩肥），是良好的有机肥，是我国农村主要有机肥源之一。家畜粪尿营养成分因家畜种类、饲料成分和收集方法等不同而有差异（表 2-5）。

表 2-5　各种新鲜家畜粪尿中主要养分含量（%）

种类	水分	有机质	氮（N）	磷（P_2O_5）	钾（K_2O）	钙（CaO）
猪粪	80.7	17.0	0.56～0.59	0.4～0.46	0.43～0.44	0.09
猪尿	96.7	1.5	0.3～0.38	0.1～0.12	0.85～0.99	微量
马粪	76.5	21.0	0.47～0.55	0.30	0.24～0.30	0.17～0.24
马尿	89.6	8.0	1.2～1.29	0.01	1.39～1.5	0.45
牛粪	81.7	13.9	0.28～0.32	0.18～0.25	0.15～0.18	0.41
牛尿	86.8	4.8	0.41～0.5	微量～0.03	0.65～1.47	0.01
羊粪	61.9	33.1	0.65～0.70	0.5～0.51	0.25～0.29	0.46
羊尿	86.3	9.3	1.4～1.47	0.03～0.05	1.96～2.1	0.16

圈肥平均含有机质 25%、氮 0.5%、五氧化二磷 0.25%、氧化钾 0.6%。新鲜畜粪尿含难分解的纤维素、木质素等化合物，碳氮比（C/N）较大，氮大部分呈有机态，当季作物利用率低，只有 10%，最高也只有 30%。如果直接施用新鲜畜粪尿，由于微生物分解厩肥过程中会吸收土壤养分和水分，与幼苗争水争肥，而且在厌气条件下分解还会产生反硝化作用，促使肥料中氮素损失，所以新鲜畜粪尿需积制腐熟后施用。

农村最常见的沤制方法是将畜粪尿放入猪圈里经猪不断踏踩、压紧，使粪尿与垫料充分混合，并在紧密缺氧条件下就地分解腐熟，经 3～5 个月满圈时，圈内的肥料可达腐熟程度，即可施用，上层肥料如没完全腐熟，需再过一段时间方可施用。

圈（厩）肥的一般养分含量见表 2-6。

表 2-6　圈肥大致养分含量

圈（厩）肥	N（%）	P_2O_5（%）	K_2O（%）
猪圈（厩）肥	0.4～0.5	0.19～0.21	0.5～0.7
牛圈（厩）肥	0.34～0.4	0.16～0.18	0.3～0.4
羊圈（厩）肥	0.7～0.9	0.23～0.25	0.6～0.7
马圈（厩）肥	0.5～0.7	0.28～0.31	0.5～0.6

家畜粪尿也可采用发酵法加工成有机肥料，其发酵工艺类似秸秆发酵方法。

腐熟的畜粪肥适合各种土壤和作物。可做基肥和追肥，半腐熟畜粪肥只能做基肥。

（二）禽粪肥

禽粪是指鸡、鸭、鹅、鸽粪便，一只家禽年平均排粪量约 50 千克，是不可忽视的有机肥源。据报道，1997 年全国家禽饲养数量为 765 865.3 万只，按鸡年平均排粪 26 千克计算，年产粪量达 19 912.98 万吨，含精有机物 9 852.7 万吨、氮（N）465.96 万吨、磷（P_2O_5）178.5 万吨、钾（K_2O）307.08 万吨。

1. 沤制圈肥　沤制是农户的传统方法，即将禽粪沤制熟化。

2. 发酵生产有机肥料　禽粪便发酵腐熟后，施用方便、无臭味。由于有机质好氧发酵，堆内温度持续 15～30 天，达 50～70℃，可杀灭绝大部分病原微生物、寄生虫卵和杂草种子；禽粪经过腐熟后，许多作物难利用形态的养分可转变为作物可利用的形态。

传统的自然堆腐发酵，占用较大场地，发酵周期长，养分损失大。生产有机肥料的发酵工艺，可加速发酵进程，减少养分损失。发酵技术要点：向家禽粪便中添加锯末、砻糠、作物秸秆等原料，以调整水分和碳氮比；在禽粪内添加过磷酸钙、沸石等原料，吸附发酵过程中产生的臭气，还能改善理化状况。在堆肥原料中接入专用微生物发酵菌剂，可缩短畜禽粪便发酵周期；在接菌种时加入适量糖、豆饼和有利于微生物生长的培养物质，促进发酵菌剂快速形成优势菌群。在发酵过程通过翻堆或直接向堆中鼓气，补充氧气，促进发酵进程。

发酵方法有条垛式堆腐、栅式发酵、滚筒发酵、塔式发酵等，可根据原料来源量而定。

（三）粪肥施用

粪肥可做基肥、种肥和追肥，也可作为有机—无机复混肥或生物有机肥的原料，适用于各种土壤、作物。做基肥或做追肥施用时要施入土壤并浇水。

五、饼肥

饼肥是含油的种子经提取油分后的渣粕，作肥料用时称为饼肥。饼肥含有丰富的营养成分，这类资源一般提倡过腹还田或综合利用，但需注意的是有些饼粕含有毒素，如棉籽饼含有棉酚、茶籽饼含皂素、桐籽饼含有桐酸和皂素等，不易作饲料。

我国饼肥种类较多，主要有大豆饼粕、花生饼、芝麻饼、菜籽饼、棉籽饼、茶籽饼等。农民一般将其作为优质有机肥施于瓜果、果树、花卉等经济价值较高的作物。

（一）饼肥的性质

我国饼肥中含有机质 75% ～ 85%、氮

$1.11\%\sim7.00\%$、五氧化二磷 $0.37\%\sim3.00\%$、氧化钾 $0.85\%\sim2.13\%$，还含有蛋白质及氨基酸、微量元素等，菜籽饼和大豆饼中还含有粗纤维 $6\%\sim10.7\%$、钙 $0.8\%\sim11\%$、胆碱 $0.27\%\sim0.70\%$。此外，还有一定数量的烟酸及其他维生素类物质等。

主要饼肥的养分含量见表 2-7。

表 2-7　常见饼肥养分含量参考值（％）

种类	N	P_2O_5	K_2O	种类	N	P_2O_5	K_2O
大豆饼	7.00	1.32	2.13	大麻饼	5.05	2.40	1.35
芝麻饼	5.80	3.00	1.30	柏籽饼	5.16	1.89	1.19
花生饼	6.32	1.17	1.34	苍耳籽饼	4.47	2.50	1.47
棉籽饼	3.41	1.63	0.97	葵花籽饼	5.40	2.70	—
棉仁饼	5.32	2.50	1.77	大米糠饼	2.33	3.01	1.76
菜籽饼	4.60	2.48	1.40	茶籽饼	1.11	0.37	1.23
杏仁饼	4.56	1.35	0.85	桐籽饼	3.60	1.30	1.30
蓖麻籽饼	5.00	2.00	1.90	花椒籽饼	2.06	0.71	2.50
胡麻饼	5.79	2.81	1.27	苏籽饼	5.84	2.04	1.17
椰籽饼	3.74	1.30	1.96	椿树籽饼	2.70	1.21	1.78

饼肥中的氮以蛋白质形态存在，磷以植酸及其衍生物和卵磷脂等形态存在，钾大都是水溶性的。饼肥是一种迟效性有机肥，必须经微生物分解后才能发挥肥效。

饼肥含氮较多，碳氮比（C/N）较低，易于矿质化。由于含有一定量的油脂，影响油饼分解速度。不同油饼在嫌气条件下分解速度不同，如芝麻饼分解较快，茶籽饼分解较慢。

土壤质地也影响饼肥分解及氮素保存。沙土有利于分解，但保氮较差；黏土前期分解较慢，但有利于氮素保存。

（二）饼肥安全施用

饼肥是优质有机肥料，具有养分完全、肥效持久、优化作物根际生态环境等优点，适用于各种土壤和多种作物，尤其对瓜果、花卉、棉花、烟叶等经济作物能显著提高产量，改善品质。

饼肥可作基肥、追肥。作基肥时不需腐熟，粉碎后可直接施用，一般在播种前2～3周施入，翻入土中，以便充分腐熟。饼肥不能在播种时施用，因其分解会产生高温，并生成各种有机酸，对种子发芽及幼苗生长不利。饼肥用作追肥时应腐熟。饼肥发酵一般采用与堆肥或厩肥混合堆积的方法，或用水浸泡数天。施用时可在作物旁开沟条施或穴施，亩用量一般50千克。

饼肥直接施用时应拌入适量杀虫剂，以防招引地下害虫。

六、泥炭肥

（一）泥炭的性质

泥炭干物质中主要含纤维素、半纤维素、木质素、沥青、脂肪酸和腐植酸等有机物，还含有氮、磷、钾、钙等微量元素，一般有机物含量 40%～70%、腐植酸 20%～40%、碳氮比 10～20、灰分 31.5%～59.8%，pH4～6.5。养分含量，全氮（N）0.75%～2.39%、全磷（P_2O_5）0.1%～0.49%、全钾（K_2O）0.2%～1.5%。自然状况下，泥炭含水 50% 以上。目前，我国出产的泥炭肥大部分属于富营养型肥料。

（二）泥炭在农业上的应用

1. 直接作基肥　选择分解程度高、养分含量高、酸度较小的泥炭，挖出后经适当晾晒，使其还原性物质得以氧化，粉碎后直接作基肥施用。与化肥混合施用可提高肥效。

2. 泥炭垫圈　泥炭吸水、吸氨性强，用作垫圈材料可改善牲畜卫生条件，保存粪尿液中的养分，收集后制成优质圈肥。

3. 泥炭堆肥　将泥炭与粪尿肥或其他有机物料制成堆肥，粪尿肥能提供有效氮，为微生物分解有机质创造条件，加速泥炭熟化。

4. 制造复混肥料　泥炭含有大量腐植酸，但其速效养分含量较少，生产中常将泥炭与碳铵、磷钾肥、微量元素肥料等混合制成粒状或粉状复混肥料，提高肥效。

5. 制营养钵　泥炭有一定的黏结性和松散性，并有保水、保肥和通气、透水等特点，有利于幼苗根系生长，生产上常将泥炭制成营养钵育苗，制作时，先调节泥炭酸度，再加其他肥料和适量水压制而成。

6. 作微生物肥料的载体　在微生物菌剂生产中，用泥炭作为菌剂载体。方法是将泥炭风干后粉碎，调节至适宜的酸碱度，灭菌后与菌剂混配制成各种微生物菌肥。

第三讲
腐植酸肥料安全施用

一、腐植酸成分及性质

腐植酸又名胡敏酸，是动植物（主要是植物）遗骸经过微生物分解和转化等一系列化学过程形成和积累的一类有机物质。

腐植酸主要元素组成为碳、氢、氧、氮、硫。

1. 胶体性　腐植酸是一种亲水胶体，低浓度时是真溶液，没有黏度；高浓度时是一种胶体溶液，或称分散体。

2. 酸性　腐植酸分子结构中有羧基和酚羟基等基团，使其具有弱酸性。

3. 离子交换性　腐植酸分子上的一些官能团如羧基$-COOH$上的H^+可以被Na^+、K^+、NH_4^+等金属离子置换出来而生成弱酸盐，具有较高的离子交换容量。

4. 络合性　腐植酸含有大量官能团，可与一些金属离子如Al^{3+}、Fe^{2+}、Ca^{2+}、Cu^{2+}、Cr^{3+}等形成络合物或螯合物。

5. 生理活性　腐植酸生理活性在植物上表现

为刺激植物生长代谢、改善子实质量和增强植物抗逆能力。

二、腐植酸在农业上的应用

1. 改良土壤 腐植酸是多孔性物质，可改善土壤团粒结构，调节土壤水、肥、气、热状况，提高土壤交换容量，调节土壤酸碱度，达到酸碱平衡。腐植酸吸附、络合反应能减少土壤中有害物质（包括残留农药、重金属及其他有毒物），提高土壤自然净化能力，减少污染。同时，腐植酸具有胶体性状，可改善土壤中微生物群体，适合有益菌生长繁殖。

2. 刺激植物生长 腐植酸含有多种活性基团，可增强作物体内过氧化氢酶、多酚氧化酶活性，刺激植物生理代谢，促进种子早发芽，出苗率高，幼苗发根快，根系发达，茎、枝叶健壮，光合作用加强，加速养分运转、吸收。

3. 增加肥效 腐植酸含有羧基、酚羟基等活性基，有较强的交换与吸附能力，能减少铵态氮损失，提高氮肥利用率。腐植酸与尿素作用可生成络合物，对尿素缓释增效作用十分明显；腐植酸还能抑制尿酶活性，减缓尿素分解，减少挥发，使氮利用率提高 6.9%～11.9%。

腐植酸对磷肥的增效作用表现在：一是防止土

壤对磷的固定，使磷肥肥效相对提高 10%～20%，吸磷量提高 28%～39%；二是提高土壤中磷酸酶活性，使土壤中有机磷转化为有效磷。

腐植酸对钾肥具有增效作用，其酸性功能可吸收和储存钾离子，减少其流失。可促使难溶性钾释放，提高土壤速效钾含量，同时还可减少土壤对钾的固定。

腐植酸还能提高土壤中微量元素的活性。硼、钙、锌、锰、铜等施入土壤，易转化为难溶性盐，腐植酸与这些离子间发生螯合作用，使其成为水溶性腐植酸螯合微量元素，从而提高植物对微量元素吸收与运转。

4. 提高农药药效，减少药害，保护环境 腐植酸对某些植物病菌有很好的抑制作用。施用腐植酸防治枯萎病、黄萎病、霜霉病、根腐病等，效果达 85%以上。

腐植酸对农药的缓释增效作用，可降低农药施用量。与农药混用，使有机磷分解率大大降低。具有很大的内表面积，对有机、无机物均有很强的吸附作用，与农药配伍，形成稳定性很高的复合体，从而对农药起缓释作用。腐植酸与农药复合，可使农药用量减少 1/3～1/2。

5. 抗旱、抗寒、抗病，增强作物抗逆特性 腐植酸可使作物在干旱条件下正常生长，能促进作物对养分的吸收，增强作物抗寒性。能促进愈伤组织生长，抑制真菌的作用，对腐烂病、根腐病比化学药物有显著疗效。腐植酸的存在为土壤有益微生物提供了优良环境，有益种群逐步发展为优势种群，抑制有害病菌生长，因而大大减少病虫害特别是土传病害的发生和危害。

6. 改善作物品质，提高农产品质量 腐植酸能加强作物体内酶对糖分、淀粉、蛋白质及各种维生素合成和运转，使淀粉、蛋白质、脂肪物质合成积累增加，使果实丰满、厚实，增加甜度。

三、腐植酸肥料施用方法

(一) 腐植酸铵

腐植酸铵简称腐铵，是腐植酸的铵盐，是以腐植酸较高的原煤经氨化而成的一种多功能有机氮素肥料，内含腐植酸、速效氮和多种微量元素，是目前腐植酸肥料中的主要品种。

腐植酸铵为黑色有光泽颗粒或黑色粉末，溶于水，呈微碱性，无毒，在空气中较稳定。

腐植酸铵适合各种土壤和作物。就土壤而言，尤其在结构不良的沙土、盐碱土、有机质缺乏的土壤施用，效果更为显著，施于肥沃土壤效果不太显著。对作物来讲，以蔬菜增产效果最好，其次是块根、块茎类作物，对油料作物效果较差。一般做基肥效果优于追肥。

1. 基肥 腐植酸铵中腐植酸含量在 30% 以上，亩用量 40～50 千克，旱地沟施和穴施，效果优于撒施。作种肥用量为种子重量的 2%～5%。

2. 追肥 旱地最好在雨前追施或施后覆土、浇水。因腐植酸铵吸水力很强，施后必须保证土壤有充足的水分，缺水不但不能发挥肥效，还会产生肥料与作物争水的矛盾，不利于作物生长。水田施后不要排水，以免水溶性腐植酸铵流失。水稻在开花至灌浆期间还可做根外追肥，每亩每次用 100 千克 0.005%～0.01% 溶液喷施 2～3 次。做冲施肥时，每亩每次用腐植酸铵 15～20 千克。

3. 浸种、浸根 浸种用 0.01% 腐植酸铵溶液，温度 20℃ 左右，种皮薄的种子（如麦、稻、玉米）浸泡 8～10 小时，种皮厚的（如棉花、蚕豆等）浸泡 30～40 小时，能提高种子发芽率和幼苗发根。水稻、烟草、蔬菜等移栽作物，在移栽时可用 0.001% 腐植酸铵溶液浸根 3～4 小时，油菜、甘薯用 0.005% 溶液浸 8～10 小时。

腐植酸铵不能完全代替农家肥和化肥，必须与农家肥和化肥配合施用，特别是与磷肥配合，有助于磷酸进一步活化，提高磷肥的利用率。

（二）硝基腐植酸铵

硝基腐植酸铵简称硝基腐铵，是一种质量较好的腐肥，腐植酸质量分数高达 40%～50%，大部分溶于水；除铵态氮外，还含有硝态氮，全氮可达

6%左右。

硝基腐铵为黑色有光泽颗粒或黑色粉末，溶于水，呈微碱性，无毒，在空气中较稳定。

硝基腐铵适合各种土壤和作物。据各地试验，施用硝基腐铵比施用等氮量化肥多增产 10%～20%，但硝基腐铵生产成本较高，应设法降低成本。

硝基腐铵施用方法与腐铵类似。由于质量分数较高，施用量要相应减少，一般作基肥施用，亩施用量 40～75 千克。

硝基腐铵对作物生长刺激作用较强；对减少磷的固定，提供微量元素营养，均有一定作用。

（三）腐植酸钠、腐植酸钾

固体腐植酸钠、腐植酸钾呈棕褐色，易溶于水，水溶液呈强碱性，腐植酸含量 50%～60%。液体腐植酸钠、腐植酸钾为酱油色溶液，pH9～10；腐植酸含量，液体腐植酸钠为 0.6%～1.0%，液体腐植酸钾为 0.4%～0.6%。腐植酸钠、腐植酸钾主要起生长刺激素作用。

腐植酸钾可提高土壤速效钾含量，促进难溶性钾释放，改善土壤钾元素供应状况，增加作物对钾的吸收，与氮、磷、钾元素化合后，可成为高效多功能复合肥，具有改良土壤、促进植物生长、提高肥效的作用。

腐植酸钠、腐植酸钾适合各种土壤施用，主要起刺激素作用，在具有一定肥力的土壤上施用效果更好。必须与其他肥料配合施用。

各种作物对腐植酸钠、腐植酸钾刺激作用的反应不同，效果最好的是蔬菜、薯类，其次是水稻、玉米、小麦、谷子、高粱等。豆科作物、油料作物效果较差。

1. 浸种　一般浸种适宜浓度 0.05％～0.1％，浸种时间因种皮厚薄、吸胀能力和地区气温差异有所不同。蔬菜、小麦等种子浸泡 5～10 小时，水稻、棉花等硬壳种子需浸 24 小时以上。

2. 浸根、蘸根、浸插条　水稻等移栽作物移栽前可用腐植酸钠、腐植酸钾溶液浸根数小时，或插秧时蘸秧根。果树插条也可在移植前用腐植酸钠、腐植酸钾溶液浸泡。使用浓度 0.01％～0.05％。处理后表现为发根快，次生根增多，缓秧期缩短，成活率提高。

3. 根外喷洒　在作物扬花后期至灌浆初期根外喷洒 2～3 次，每次喷施量为每亩 50 千克溶液，浓度 0.01％～0.05％，可促进养分从茎叶向穗部转移，使子粒饱满，千粒重增加，空瘪率降低。喷洒时间以 14～18 时效果较好。

4. 基肥　用浓度 0.05％～0.1％的液肥与农家肥拌在一起施用，也可开沟、挖坑作基肥浇施，亩用量 250～400 千克。水田可结合整地、溜水一起施入。

5. 追肥　幼苗期和抽穗前每亩用 0.01％～

0.1%浓度的液肥 250 千克左右，浇灌在作物根系附近（勿接触根系），水稻田可随水灌施或水面泼浇，提苗、壮穗，促进生长发育。

6. 叶面喷施 根据不同种类作物要求的喷施浓度、时期，将液肥均匀喷洒在叶片正反两面，以滴水为度。

（四）腐植酸复混肥

腐植酸复混肥是根据土壤养分供应状况与作物需求，将腐植酸、无机化肥、微量元素肥料分别粉碎，按一定比例混合造粒制成的复混肥。灰黑色成型颗粒，部分溶解于水，水溶液接近中性，无毒。能提高化肥利用率，刺激植物生长，改良土壤性质。

腐植酸颗粒肥适合在生长期较长的作物上使用，如大豆、玉米、马铃薯、甜菜等作物，更能发挥持效的特点。在同一地块多年连续应用，效果更为显著，对贫瘠地块可改良土壤。

与化肥混合施用可代替 25%～30%的化肥。

可作基肥和种肥，不可作追肥。作种肥时，与化肥均匀混拌后分层深施，深度 7～14 厘米；如作基肥，可在春、秋整地起垄时施用。

四、腐植酸肥料安全施用

（一）土壤条件

腐植酸肥料适于各种土壤，但不同土壤条件下增产效果不同。据试验统计，亩施腐植酸铵 100 千克，在有机质缺乏的瘠薄低产田肥效好，增产幅度大，每千克肥料增产粮食多；在高产肥沃土壤增产效果差，增产幅度小，每千克腐肥增产粮食少（表3-1）。

表 3-1　不同土壤施用腐铵的增产效果

土壤种类	增产率（%）	每千克腐铵增产（千克）
瘠薄低产田土壤	32.3	0.46
中等肥力土壤	19.4	0.38
土质肥沃高产田土壤	10.7	0.34

土壤理化性状对腐肥效果影响很大，在结构不良的沙土、盐减地、酸性红壤施用腐植酸肥料，增产效果尤为显著。

腐植酸复混肥是喜水肥料，土壤水分缺乏会影响肥料发挥效果。在干旱土壤施用，必须配合灌水才能充分发挥肥效。在水分过多的涝洼地，施用腐肥可吸收水分，改善透气状况，对作物出苗、发根有利。腐植酸类物质吸水、蓄水能力较强，能保存土壤水分，减少蒸发，增强作物抗旱能力。

（二）作物种类

腐植酸肥对各种作物均有增产作用。据试验，从腐植酸铵与等氮量碳铵对比的增产效果来看，玉米、水稻较好，小麦次之，高粱、谷子较差（表3-2）。

表 3-2 腐植酸铵对各种作物增产效果

作 物	玉米	水稻	小麦	高粱	谷子
腐铵比等氮量碳铵增产率（％）	8.0	6.8	6.1	4.2	2.2

根据不同作物对腐植酸刺激作用的反应和敏感程度，其肥效分成以下几类：

1. 效果好的作物 即反应最敏感的作物，如白菜、萝卜、番茄、马铃薯、甜菜、甘薯。

2. 效果较好的作物 即反应较敏感的作物，如玉米、水稻、高粱、裸麦。

3. 效果中等的作物 如棉花、绿豆、菜豆、小麦、谷子。

4. 效果差的作物 即反应不敏感的作物，如油菜、向日葵、蓖麻、亚麻等。

（三）施肥时期

一般在作物生长前期施用效果较明显。例如种子萌发、幼苗发根、秧苗移栽、植株分蘖、扬花灌浆等生育转折时期，腐肥效果比较显著。考虑到腐植酸作用比较缓慢，后效较长，应尽量早施，在作物生长前期施用，最大限度发挥腐植酸的增产作用。

（四）与其他肥料配合施用

国外把腐植酸称做"增强剂"，我国叫"增效剂"。在缺乏氮、磷、钾的土壤单独施用腐植酸类物质，也有一定增产作用，如果配合施用其他肥料或在土壤肥力较高，氮、磷、钾供应充足的土壤施用，其增产和改善品质的效果更好。

（五）施肥方法

1. 固体腐植酸肥施用方法 固体腐植酸肥主要指含植物所需营养元素的腐植酸复混肥。

（1）基肥 固体腐植酸肥做基肥施用效果较好，比追肥增产 5%～17%。可撒施、穴施、条施。各地试验表明，集中施用（穴施、条施）比分散施用效果好；深施比浅施、表施效果好。

（2）种肥 腐植酸复混肥作种肥施在种子附近比化肥作种肥更为安全，肥效也好。因为腐植酸可减少或避免因化肥局部浓度过高对种子发芽造成的伤害。

（3）追肥 腐植酸复混肥作追肥应早期追施，因其肥效慢、后劲长，可防止追肥过晚作物贪青晚熟。追肥时，应在距离作物根 6～9 厘米的地方挖坑或开沟施入，追施后结合中耕覆土。追肥以穴施、条施为好，追施后最好结合浇水，或在雨前追施，可保证一定的土壤水分，腐植酸肥容易发挥肥效。稻田追肥后，应及时中耕，使肥料与土壤混合，防止由于淹水造成肥料流失。

（4）压球造粒 腐肥压成球或造粒后深施，既便于施用，又能使肥料集中在根系附近，充分发挥肥效。南方各省结合水稻追肥，把颗粒肥施到水稻蔸（穴）中间，以充分发挥颗粒肥的特点，取得较好效果。

（5）秧田施肥　腐植酸肥在秧田施用，有利于培育壮秧、增强秧苗抗逆性。秧田施用腐肥，可结合犁田、耙田，作秧田基肥。

（6）施肥量　以化肥为主添加腐植酸制成的腐植酸复混肥，氮、磷或氮、磷、钾养分总量不低于20%，腐植酸含量5%～15%。这种类型的肥料一般每亩施用量30～60千克，与普通化肥施用量相似，但其肥效特别是养分利用率高于普通复混肥。

把硝基腐植酸铵作为化肥增效剂与化肥混合施用效果很好，每亩施用量10～20千克。

（7）施肥深度　适当深施效果较好。含腐植酸的氮、磷、钾复混肥一般施在种子下12厘米处。

2. 液体腐肥施用方法　液体腐肥主要指溶于水的腐植酸钠、腐植酸钾、黄腐酸以及添加少量水溶性养分的液体肥料。

（1）浸种　用腐植酸钠、腐植酸钾或黄腐酸溶液浸种，目前各地一般采用0.01%～0.05%的浓度。浸种时间，蔬菜、小麦种子5～10小时，水稻、玉米、棉花24小时以上。浸种温度最好保持在20℃左右，浸种后取出稍加阴干即可播种。

由于浸种比较费工，近来一些地区农村采用拌种的方法，效果也很好。拌种是把腐植酸调成略浓一些的溶液喷洒在种子上，混拌均匀，使腐植酸沾在种子表面，稍阴干即可播种。

（2）蘸秧根、浸插条 水稻、甘薯、蔬菜等移栽作物或果树插条可用腐植酸溶液浸泡，或移栽前将腐植酸溶液加泥土调制成糊状，浸蘸移栽作物根系或插条，然后立即移栽。浸根、浸条、蘸根可促进根系发育，增加次生根数量，缩短缓秧期，提高成活率。浸根浓度 0.05%～0.1%，蘸根可适当高些，浸泡时间一般 11～24 小时，提高温度可缩短时间。只需浸泡秧苗或插条根部、基部，勿将叶部一起浸泡，以免影响生长。

（3）喷施 水稻、小麦等作物扬花后期至灌浆初期，喷洒浓度 0.01%～0.05%，每亩喷洒约 50千克稀溶液。喷洒时间每天 14～18 时。小麦在穗分化开始喷洒黄腐酸，喷洒浓度 0.03%～0.05%，2～3 次，每次间隔 5～7 天。

（4）追施（浇灌） 将腐植酸钠、腐植酸钾溶于灌溉水中，随水浇灌。旱地可在浇底墒水或生育期内灌水时在入水口加入原液，根据流量调节原液用量，原液浓度 0.05%～0.1%，每亩每次需加原液 50 千克左右，折合每亩加入纯腐植酸钠（钾）约 0.5 千克。水稻田可结合各生育期灌水分几次施用，浓度和用量与旱地基本相同。可提苗、壮穗、促进生长发育。

第四讲
氨基酸肥料安全施用

一、氨基酸叶面肥

叶面肥是将作物所需的养分喷洒到作物叶面供作物吸收利用的一类肥料。氨基酸叶面肥是指其有效成分以氨基酸为主的肥料，其最直接的作用是为作物补充养分。喷施叶面肥也称根外追肥，可有效调节作物体内一系列生理过程，见效快，养分效率高。

现以笔者发明专利产品——农海牌氨基酸叶面肥为例介绍如下。

农海牌氨基酸叶面肥主要成分为混合氨基酸，其含量13%～16%，锌、硼、锰、铜等螯合微量元素2.5%～3.5%，生物制剂≥3%。外观红色或褐色液体，有酱油香味，极易溶于水，pH4.5～6.5，密度≥1.15克/毫升。含有天冬氨酸、胱氨酸、羟脯氨酸、甘氨酸、谷氨酸、丙氨酸、丝氨酸、苏氨酸、半胱氨酸、谷氨酰胺、天冬酰胺、酪氨酸、赖氨酸、精氨酸、组氨酸、丙氨酸、缬氨酸、亮氨酸、异亮氨酸、脯氨酸、苯丙氨酸、色氨酸等多种氨基酸和氨基酸螯合锌、铜、锰、铁、钼及硼盐等物质，还添加生物活性物质，以增强作物抗逆性。

氨基酸叶面肥是一种新型肥料，可作为各种作物的叶面肥和灌根、冲施或滴灌肥料，也可用作种子处理。本产品含有植物必需的多种氨基酸，有机锌、铜、锰、铁、锗和硼等营养成分，可促进作物体内生长素和植保素形成，提高作物体内多种酶活性，活化植物机能，促进生物固氮，促进和调控发育生长和生殖生长，促进早熟。

经多年大田作物和大棚蔬菜等作物施用，拌种、灌根能使秧苗茁壮，根系发达，增强抗病、抗寒、抗旱能力。作物移栽时蘸根，可提高成活率，使秧苗快速复壮。叶面喷施后，光合作用旺盛，植株营养状况改善，对干旱、低温、早衰、干热风、病害等灾害有抗御能力。对遭受水灾、旱灾、冻害、药害、肥害等灾害的作物有快速恢复生长的功效。施用本品能取代部分追肥，养护土壤，减少环境污染。

笔者发明的专利产品——农海牌氨基酸肥是无毒型产品，可增进食品的天然风味，提高农产品品质，提高农产品商品价值。适用于各种蔬菜、瓜类、果树、棉花、茶叶、烟草、小麦、水稻、大豆、花生等粮油作物，以及食用菌、花卉、中药材、苗木、草莓、牧草、草坪等园林作物。

一般采用拌种或浸种并结合叶面喷施的方法，如果再用 800～1 300 倍稀释液滴灌或灌根，肥效更为显著。各种作物施用方法见表 4-1。

表 4-1　农海牌氨基酸叶面肥施用方法

作物名称	施用时间及方法	作用和效果
棉花	苗期、花蕾期 1 000～1 200 倍各喷雾 1 次；铃期、桃期、吐絮期 1 000 倍喷雾各 1 次	提高抗寒、抗旱、抗盐碱能力；保花保蕾；防早衰，增加产量，提高品质
叶菜类	生长期 800～1 200 倍喷雾	增加产量，提高品质
黄瓜、番茄、茄子、大椒、豆角类	定苗后每 8～10 天喷 1 次 1 000～1 200 倍液	促进根系发育，早开花多坐果，促早熟，延长收获期
甜菜、萝卜、红萝卜	苗期和营养生长期 1 000～1 300 倍喷雾；结球及根茎膨大期 1 000 倍喷雾	提高抗旱、抗寒、抗盐碱能力；抗病害，防早衰，提高产量，提高品质
大蒜、大葱、葱头、生姜	苗期 1 200 倍喷雾；根茎生长膨大期 800～1 200 倍喷 2～3 次	植株健壮，预防病害；促早熟 5～10 天，提高产量和品质
西瓜、甜瓜、香瓜、哈密瓜、白兰瓜	苗期 1 200～1 600 倍喷雾；果实膨大期 1 100～1 300 倍喷雾 2～3 次	促壮苗，提高抗寒能力；增加糖分，促早熟，提高产量、品质
果树	果实生长期 800～1 000 倍喷雾 2 次；着色期 800～1 000 倍喷雾	促进叶片和枝条苗壮成长，提高抗寒抗旱能力；促早熟，增产，改善品质，耐贮存

（续）

作物名称	施用时间及方法	作用和效果
花生、芝麻	苗期至初花期1 000~1 200倍喷雾2次；果实膨大期800~1 000倍喷雾2次	促进根系发育，生长旺盛；防病，驱蚜，子粒饱满，增产，提高品质
茶叶	新芽生长期800~1 000倍；生长期至采摘期800倍，每15天喷施1次	促进新叶生长，提高抗寒、抗旱能力；促进新芽生长，促叶片肥厚，提高品质
烟草	定植后1 000~1 200倍喷雾2~3次	促进叶片生长，提高产量，提高等级
小麦、水稻	分蘖期、拔节期、灌浆期1 000倍各喷1次	抗病，抗倒伏，增产，提高品质
大豆、玉米	生长期1 000~1 200倍喷雾2次	提高作物抗逆性；增产，提高品质

1. 喷施 按作物种类和不同生长期，一般用水稀释800~1 600倍，喷施于作物叶面呈湿润而不滴流为宜，作物生长期一般2~5次，7~13天喷施一次，能快速补充养分。高温天气，8~9时和16时以后是一天中最佳喷施时间。

2. 拌种 用1：600倍稀释液与种子拌匀（稀释量为种子的3%左右），放置6小时后播种。

3. 浸种 用1：1 200倍稀释液，软皮种子浸10~30分钟，硬壳种子浸10~24小时。

4. 蘸根 移栽时秧苗在稀释600倍的肥料液中蘸根。

5. 灌根 将肥液稀释至 1 300 倍，浇入作物根部。

6. 滴灌 将肥液先稀释 300～600 倍，再按不同作物调整滴流速度，一般每亩每次用 75～150 克。

7. 无土栽培 将肥液稀释至 1∶1 300～1 800 倍。

二、氨基酸复混肥

氨基酸复混肥是一种新型高效肥料，其产品中所含的复合氨基酸是一种重要的生理活性物质，也是微量元素的螯合剂，提高作物对养分的吸收利用。作者研发的氨基酸复混肥料生产技术已获国家发明专利，被列为"重点创新项目"。产品为棕褐色颗粒，有效养分溶于水，pH5.5～8，吸湿性较小，施入土壤后养分不易流失，肥效期较长。产品含有复合氨基酸 4%～8%，氮、磷、钾 25%～40%，钙、镁、硅、硫 10%～30%，微量元素 0.5%～2%。

目前企业生产的氨基酸复混肥有多种不同配方。水稻专用的有：35% = N 16∶P_2O_5 12∶K_2O 7；40% = N 18∶P_2O_5 13∶K_2O 9；45% = N 19∶P_2O_5 11∶K_2O 15。大豆专用的有：35% = N 13∶P_2O_5 14∶K_2O 8；40% = N 14∶P_2

O_5 16：K_2O 10；45％＝N 17：P_2O_5 20：K_2O 8；
35％＝N 18：P_2O_5 9：K_2O 8；40％＝N 17：P_2O_5
15：K_2O 8；45％＝N 22：P_2O_5 11：K_2O 12。此
外，还有各种蔬菜专用和绿色食品专用肥等。

氨基酸复合肥可作基肥和追肥，适用于多种土
壤和各种作物。常用作基肥，施于作物根系密集
层，施后覆土。施肥量可根据土壤肥力情况和目标
产量确定，对普通肥力的土壤，一般每亩基施氮磷
钾含量为 35％的氨基酸复混肥 30～50 千克。

水稻可采用全层施肥法，整地时一次基施于稻
田土壤。整地时肥料与土壤混匀，再放水泡田。如
作种肥，必须将种子与肥料用土隔开，否则影响出
苗而导致减产。氨基酸复混肥忌撒施在土壤表面，
不仅作物难以吸收，而且养分损失大，降低肥效。

三、氨基酸多功能肥

氨基酸及其金属盐类和聚合物、衍生物、混合
物具有广谱保护性杀虫、杀菌，促进作物生长的功
能，可制成氨基酸多功能肥料。

(一) 水剂 (粉剂) 剂型

液体剂型氨基酸多功能肥为红褐色酱油状液
体，pH 4～8；粉状剂型为深褐色粉末，易溶于
水，水溶液 pH 4～8，易吸湿结块，但不影响施用
效果。两种剂型均含复合氨基酸及氨基酸螯合物、

聚合物、混合物等活性物质，具有杀虫、杀菌，促进作物健壮生长的作用。

系列氨基酸多功能肥产品分为防止虫害的多功能肥料、防止病害的多功能肥料和防止病虫害的多功能肥料。作为叶面肥施用时，同时起到杀虫、杀菌效果，当作物发生病害或虫害时可分别施用不同的产品，以降低施用成本。喷施时将液体或粉剂产品用清水稀释 500～800 倍，一般每亩每次喷施45～60 千克。用于灌根时将产品用清水稀释至800～1 000 倍，每株灌 0.5～1 千克稀释液。本系列产品对蚜虫、菜青虫、地下害虫等及各种作物的生理病害效果明显。

（二）颗粒剂型

颗粒剂型多功能肥产品为深褐色颗粒剂，呈弱酸性，有效养分溶于水，pH5.5～8。能改善土壤理化性状，有蓄肥、保肥作用。对作物生长有广谱调节作用，促进根系生长，提高作物抗性，增加养分吸收。氨基酸金属离子螯合物、氨基酸衍生物、聚合物等有防止作物病虫害的功能。产品含混合氨基酸螯合铜、锌、锰、铁、镁 13%～20%，氨基酸衍生物 3%～6%，甘氨酸盐酸盐 2%～6%，生物制剂 1%～5%，氮、磷、钾 20%～35%。

颗粒剂型氨基酸多功能肥主要用作基肥，在整地时施入，通过整地使肥与耕作层土壤混匀。也可作种肥，将肥与种子分行施于土壤，不可与种子混合播施，以免影响种子发芽。作基肥或种肥施用后，能预防土传病害和作物生理病害，对线虫和地下害虫也有明显的防止效果。一般每亩施用 50～80 千克。

当作物发生病害或地下害虫危害时，也可作为追肥施用，与 10 倍量的细土或有机肥混匀后，穴施或条施，施后立即覆土、浇水；也可用水稀释后随水冲施，一般每亩每次用量 30～50 千克。

第五讲
微生物肥料安全施用

一、微生物肥料

微生物肥料又称菌肥或生物肥料，是一类含有活微生物的农用制品。微生物肥料应用于农业生产，制品中的微生物能起到肥料的作用。微生物的生命活动增加了作物营养元素供应，其代谢产物具有刺激和调节作物生长、提高作物产量和品质的作用。

（1）增加土壤肥力，活化土壤养分，促进作物对养分的吸收利用。

（2）直接为作物提供营养元素，如根瘤菌，其自生和联合固氮菌类肥料可固定大气中的氮，从而增加作物的氮素养分。减少化肥用量，利于生态环境保护。

（3）活菌在生命活动中分泌多种生理活性物质，刺激和调节作物生长。

（4）对作物产生抗病和抗逆作用，间接促进作物生长。

（5）对有害微生物有抑制作用。微生物肥料中的活菌在作物根部大量生长繁殖，形成作物根际的优势菌群，抑制其他病原菌繁殖生长，从而降低作物病害的发生率。

目前我国生产的微生物肥料主要种类与作用见表 5-1。

表 5-1　微生物肥料的主要种类与作用

根瘤菌肥料	含有大量根瘤菌的肥料能同化空气中的氮气，在豆科植物上形成根瘤（或茎瘤），供应豆科植物氮素营养；其产品是由根瘤菌或慢生根瘤菌属的菌株制造；根瘤菌一般可分为大豆根瘤菌、花生根瘤菌、紫云英根瘤菌等，其形状一般为短杆状，两端钝圆，会随生活环境和发育阶段而变化
固氮菌肥料	能在土壤和多种作物根际中同化空气中的氮气，供应作物营养，并能分泌激素，刺激作物生长；在生产中应用的菌种可以是固氮菌属、氮单胞菌属、固氮根瘤菌属或根际联合固氮菌等，应用的作物主要有小麦、水稻、高粱、蔬菜、果树等
磷细菌肥料	能把土壤中的难溶性磷转化成有效磷供作物利用，可用于生产磷细菌肥料的菌种分为两大类：①分解有机磷化合物的细菌，其中包括解磷巨大芽孢杆菌、解磷珊瑚红赛氏杆菌和节杆菌属中的一些变种；②转化无机磷化合物的细菌，如假单胞菌属中的一些变种 有机磷细菌在含磷矿粉或卵磷脂的合成培养基上有一定解磷作用，在麦麸发酵液中含刺激植物生长的生长素；无机磷细菌具有溶解难溶性磷酸盐的作用

（续）

硅酸盐细菌肥料	能分解土壤中云母、长石等含钾硅铝酸盐及磷灰石，释放出可被作物吸收利用的有效磷、钾及其他营养元素；生产硅酸盐细菌肥料的菌种为胶质芽孢杆菌等的菌株；该菌种在含钾长石粉的无氮培养基上有一定解钾作用，菌体内和发酵液中存在刺激植物生长的生长素；主要用于缺钾地区的作物或对钾需要量较大的作物
复合微生物肥料	含有解磷、解钾和固氮微生物中2种以上互不拮抗的菌株，也有在此基础上加营养物质复合，如化肥、微量元素稀土等；通过生命活动，提供作物生长的营养物质

二、复合微生物肥料

复合微生物肥料是指两种或两种以上有益微生物或一种有益微生物与其他营养物质复配而成，能提供、保持或改善植物营养，提高农产品产量和改善农产品品质的活体微生物制品。

按剂型不同分为液剂、粉剂和颗粒剂3种。根据复配的其他营养物质又可分为生物有机肥、生物有机—无机复混肥等。

复合微生物肥料可增加土壤有机质、改善土壤菌群结构，并通过微生物代谢物刺激作物生长，抑制有害病原菌。

复合微生物肥料的有效活菌数，液剂型≥ 0.50亿/毫升，固体剂型≥ 0.2亿/克；总养分$(N+P_2O_5+K_2O)$，液剂型$\geq 4\%$，固体剂型$\geq 6\%$；

杂菌率，液体剂型≤15％，固体剂型≤30％，水分含量，粉剂≤35％，颗粒剂≤20％；液体剂型pH3.0～8.0，固体剂型pH5.0～8.0。

（一）主要类型

1. 由两种或多种有益微生物复合的微生物肥料 可以是同一个微生物菌种的复合，也可以是不同微生物菌种分别发酵，吸附时混合在一起，从而增强微生物肥料的效果。选用两种或两种以上微生物复合时，微生物之间必须无拮抗作用。

2. 由微生物与各种营养元素和添加物等复合的微生物肥料 采用复配的方式，将微生物与一定量氮、磷、钾或其中1～2种复合；菌剂加一定量微量元素或植物生长调节剂。

（二）安全施用方法

复合微生物肥料适用于经济作物、大田作物和果树蔬菜类等作物。

1. 基肥或追肥 每亩用复合微生物肥料1～2千克，与农家肥或化肥、细土混匀，沟施、穴施、撒施均可，沟施或穴施后立即覆土；结合整地可撒施，尽快将肥料翻于土内。

2. 果树施肥 幼树采取环状沟施，每棵用200克，成年树采取放射状沟施，每棵用0.5～1千克，可拌有机肥施用，也可拌土。

3. 蘸根灌根 每亩用复合微生物肥2～5千克，对水5～20倍，移栽时蘸根或移栽后适当增加稀释倍数，灌于根部。

4. 拌苗床土 每平方米苗床土用复合微生物肥 200～300 克，与其混匀后播种。

5. 冲施 根据不同作物每亩用复合微生物肥 1～3 千克与化肥混合，再用适量水稀释后灌溉，随水冲施。

三、生物有机肥料

生物有机肥料是特定功能微生物与经无害化处理、腐熟有机物料复合而成的一类兼具微生物肥和有机肥效应的肥料。

生物有机肥料的有机原料主要是畜禽粪便、作物秸秆等，经接种农用微生物复合菌剂，对有机原料进行分解，同时杀灭病原菌、寄生虫卵、清除腐臭，制成生物有机肥料。

生物有机肥料具有养分完全、肥效稳而长、含有机质较多、能改善土壤理化性状、提高土壤保肥供肥和保水能力等特点。生物有机肥适用于各种作物，宜作基肥施用，一般每亩施 50～120 千克，最好与农家肥等有机肥混合施用；果树在秋季或早春施入生物有机肥与有机肥混合肥料，夏季再适当补施果树专用复混肥。

施用生物有机肥应注意的几个问题：

（1）高温、低温、干旱条件下不宜施用。

（2）生物有机肥料中的微生物在 25～37℃时活力最佳，低于5℃或高于45℃活力较差。

（3）有机生物肥料中的微生物适宜土壤相对含水量 60%～70%。

（4）生物有机肥不能与杀虫剂、杀菌剂、除草剂、含硫化肥、碱性化肥等混合施用，否则易杀灭有益微生物。还应注意不要阳光直射到菌肥上。

（5）生物有机肥在有机质含量较高的土壤上施用效果较好，在有机质含量少的瘦地上施用则效果不佳。

（6）生物有机肥料不能取代化肥，它与化肥相辅相成，共同发挥肥效；与化肥混合施用时应特别注意其混配性。

第六讲
叶面喷施肥料安全施用

一、无机营养型叶面肥料

无机营养型叶面肥料中，大量营养元素一般占溶质的 $60\%\sim80\%$，氮源主要由尿素和硝酸铵配成。其中氮元素以尿素最佳，一直广泛作为叶面肥的主要成分。最适宜的磷、钾源为磷酸二氢钾（KH_2PO_4）。磷源也可用磷酸铵，钾源可选择农用硝酸钾、氯化钾、硫酸钾。中、微量营养元素一般占溶质的 $6\%\sim30\%$。通用型复合营养液一般加入 $5\sim9$ 种中、微量元素；专用型复合营养液大都加入对喷施作物有一定效果的 $3\sim6$ 种中、微量元素，或可择其中最重要的几种，适当增加用量。

1. 微量元素叶面肥　微量元素叶面肥质量标准见表 6-1。

2. 大量元素水溶性液体　大量元素水溶性液体产品质量标准见表 6-2。

3. 无机营养型叶面肥　无机营养型叶面肥的喷施浓度见表 6-3。

表 6-1 微量元素叶面肥料技术要求

(GB/T17420—1998)

项　目		指标	
		固体	液体
微量元素 (Fe, Mn, Cu, Zn, Mo, B) 总量 (以元素计),% ≥		10.0	10.1
水分 (H_2O),% ≤		5.0	—
水不溶物,% ≤		5.0	5.0
pH (固体 1+250 水溶液,液体为原液)		5.0~8.0	≥3.0
有害元素	砷 (AS) (以元素计),% ≤	0.002	0.002
	镉 (Cd) (以元素计),% ≤	0.002	0.002
	铅 (Pb) (以元素计),% ≤	0.01	0.01

注:微量元素钼、硼、锰、锌、铜、铁等 6 种元素中的两种或两种以上元素之和,含量小于 0.2%的不计。

表 6-2 大量元素水溶性肥料液体产品技术要求

(NY1107—2006)

项　目		指标
大量元素含量[a],%	≥	500
微量元素含量[b],%	≥	5
水不溶物含量,%	≤	50
pH (1:250 倍稀释)		3.0~7.0

a 大量元素含量指 N、P_2O_5、K_2O 含量之和。大量元素单一养分含量不低于 60 克/升。

b 微量元素含量指铜、铁、锰、锌、硼、钼元素含量之和。产品应至少包含两种微量元素。含量不低于 1 克/升的单一微量元素应计入微量元素含量。

表 6-3　无机营养型叶面喷施浓度
（按化合物百分比计，%）

元素	化合物形态	有效成分	常用浓度
硼（B）	硼酸（H_3BO_3）	17	0.05～0.10
	硼砂（$Na_2B_4O_7 \cdot 10H_2O$）	11	0.05～0.20
锰（Mn）	硫酸锰（$MnSO_4 \cdot 7H_2O$）	24～28	0.10～0.20
铜（Cu）	硫酸铜（$CuSO_4 \cdot 5H_2O$）	25	0.04～0.05
锌（Zn）	硫酸锌（$ZnSO_4 \cdot 7H_2O$）	23	0.12～0.20
钼（Mo）	钼酸铵（$(NH_4)_6Mo_7O_{24} \cdot 4H_2O$）	50～54	0.02～0.05
铁（Fe）	硫酸亚铁（$FeSO_4 \cdot 7H_2O$）	19～20	0.20～0.50
氮（N）	尿素 $CO(NH_2)_2$	46	0.50～2.00
磷（P）	过磷酸钙 $Ca(H_2PO_4)_2 \cdot H_2O$	12～18	1.50～2.00
钾（K）	硫酸钾（K_2SO_4）	50	1.00～1.50
氮、钾（N、K）	农用硝酸钾 KNO_3	$N13.5$，K_2O44～46	1.00～1.50
磷、钾（P、K）	磷酸二氢钾 KH_2PO_4	P_2O_5 24，K_2O27	0.50～1.00
镁（Mg）	硫酸镁 $MgSO_4 \cdot 7H_2O$	16	1.50～2.50

二、有机水溶型叶面肥料

这类叶面肥料中含有氨基酸、腐植酸、核苷酸、核酸类物质等有机物质和无机营养元素，对作物具有较好的营养作用和生理调节作用。其主要功能是刺激作物生长，促进作物代谢，减轻和防止病虫害发生。腐植酸型叶面肥料和海藻类叶面肥料、氨基酸叶面肥料已在本书的第三讲、第四讲作了介绍，本节不再重述。

含腐植酸水溶型叶面肥料是以风化煤、褐煤或草炭等为原料，经化学处理得到的具有生物活性的高分子化合物。化学方法提取的腐植酸含黄腐酸，一般是钠、钾或铵的腐植酸盐，可溶于水，也易与其他营养元素相配合。

含腐植酸的水溶肥料是优良的叶面肥，农业部规定了含腐植酸水溶肥料的产品标准（NY 1106），该标准将这类产品分为粉剂和水剂，要求产品中必须包含一定量的腐植酸和大量元素或微量元素。腐植酸加大量元素可以是粉剂或者水剂，加微量元素目前规定只能是粉剂，其产品质量标准见表 6-4、表 6-5、表 6-6。

表 6-4　含腐植酸水溶肥料（大量元素型）固体产品技术要求

（NY1106—2006）

项　　目		指标	
		I 型	II 型
腐植酸，%	≥	3.0	4.0
大量元素，%	≥	35.0	20.0
水不溶物，%	≤	5.0	
pH，1：250 倍稀释		4.0～9.0	
水分（H_2O），%	≤	5.0	

注：大量元素指氮（N）、磷（P_2O_5）、钾（K_2O）含量之和。大量元素单一养分含量不低于 4.0%。

表 6-5 含腐植酸水溶肥料（大量元素型）液体产品技术要求

（NY1106—2006）

项 目		指标	
		Ⅰ型	Ⅱ型
腐植酸，克/升	≥	30	40
大量元素，克/升	≥	350	200
水不溶物，克/升	≤	5.0	
pH，1：250 倍稀释		4.0～9.0	

注：大量元素指氮（N）、磷（P_2O_5）、钾（K_2O）含量之和。大量元素单一养分含量不低于 40 克/升。

表 6-6 含腐植酸水溶肥料（微量元素型）产品技术要求

（NY1106—2006）

项 目		指标
腐植酸，%	≥	3.0
大量元素，%	≥	6.0
水不溶物，%	≤	5.0
pH，1：250 倍稀释		4.0～9.0
水分（H_2O），%	≤	5.0

注：微量元素含量指铜、铁、锰、锌、硼、钼元素含量之和。产品应至少包含 2 种微量元素。除钼元素外，其他 5 种微量元素单一养分含量不低于 0.1%。

三、叶面肥料安全施用

喷施叶面肥属于根外追肥，其施用范围、施用浓度、施用量等需要特别注意，因为叶面肥是含微量元素的肥料，微量元素对作物的使用范围较小，喷施过量易造成毒害。

1. 叶面肥选择 作物在苗期或生长初期，为促进其生长发育，应选择调节型叶面肥；若作物营养缺乏时需补充营养或作物生长后期根系吸收能力减退，应选用营养型叶面肥料。

2. 喷施浓度 在一定浓度范围内，养分被叶片吸收的速度和数量随溶液浓度的增加而增加，但浓度过高容易造成肥害，尤其是微量元素叶面肥料，作物营养从缺乏到过量之间的临界范围很窄，必须严格控制。含有生长调节剂的叶面肥料也应严格按浓度要求进行喷施，以防调控不当造成危害。不同作物对不同肥料具有不同的浓度要求。一般中量元素（氮、磷、钾、钙、镁、硫）施用浓度为$500 \sim 600$倍，微量元素铁、锰、锌$500 \sim 1\,000$倍，硼$3\,000$倍以上，铜、钼$6\,000$倍以上。尿素喷施浓度一般为$1\% \sim 2\%$，蔬菜、瓜果等作物喷施浓度为$0.5\% \sim 1\%$，苗期喷施浓度不高于0.2%，微量元素喷施浓度通常为$0.2\% \sim 0.5\%$，钼、铜的施用浓度应适当降低。

3. 喷施时间 叶面施肥时，湿润时间越长，叶片吸收养分越多，效果越好。一般情况下保持叶片湿润时间在$30 \sim 60$分钟为宜，所以叶面施肥最好在傍晚无风天气进行；在有露水的早晨喷肥，会降低溶液浓度，影响施肥效果。雨天或雨前不能追肥，因为养分易被淋失，达不到应有的效果；若喷后 3 小时遇雨，待晴天时补喷一次，但浓度要适当降低。叶面肥料的喷施次数一般不少于 2～3 次，间隔时间一般为 7～12 天，含调节剂的叶面肥料至少应在 7 天以上。

4. 喷施要求　喷施要求均匀、细致、周到。喷施叶面肥料要对准有效部位，要求雾滴细小，喷施均匀，尤其要注意喷洒在生长旺盛的上部叶片和叶背面，将肥液着重喷施在植物的幼叶、功能叶片背面，因为幼叶、功能叶片新陈代谢旺盛，叶片背面气孔比叶面多，能较快吸收肥液中的养分，提高养分利用率。只喷叶面不喷叶背、只喷老叶忽略幼叶均会大大降低肥效。

5. 合理混用　将两种或两种以上叶面肥合理混用，可节省喷洒时间和用工，其增产效果也会更加显著。但肥料混合后不能有不良反应，也不能降低肥效，否则达不到混用目的。另外，肥料混合时要注意溶液的浓度和酸碱度，一般情况下，溶液 pH 小于 7（即微酸性条件）有利于叶部吸收。

6. 注意事项　花期喷施因花朵娇嫩，易受肥害；幼苗期喷施应降低浓度；一天之中不可在高温季节中午喷施，因雾滴蒸发，降低喷肥效果。

7. 选购提示　目前市面叶面肥料种类繁多，但是良莠不齐，在经销和选购叶面肥料时应注意首先看包装和说明书，正规的产品符合国家质量要求，同时标明：①产品名称、生产企业名称和地址；②肥料登记证号、产品标准号、有效成分名称和含量、净重、生产日期；③产品适用作物、适用区域、施用方法和注意事项等。

第七讲
复混肥料安全施用

一、硝酸磷肥

硝酸磷肥是含氮、磷养分的复合肥料，主要成分是硝酸盐和磷酸盐等。硝酸盐的主要成分是硝酸铵，还有少量硝酸钙，均溶于水。磷酸盐有3种形态：①水溶性磷酸盐，包括磷酸一钙、磷酸一铵、磷酸二铵等；②枸溶性磷酸盐，包括溶解于中性柠檬酸铵或碱性柠檬酸铵溶液的磷酸二钙、磷酸铁铝盐、磷酸二镁等；③未分解的磷矿和碱性磷酸盐，均属于难溶性磷酸盐。硝酸磷肥临界相对湿度为57%。

硝酸磷肥中的枸溶性磷主要由磷酸二钙提供。在酸性土壤中，就直接肥效而言，这种含大量磷酸二钙的肥料至少和含水溶性磷的磷肥相当；就残留肥效而言，硝酸磷肥要优越得多。因为磷酸二钙接近中性，在一定程度上避免了磷酸铁、磷酸铝生成，防止磷被固定。在碱性土壤中，磷酸二钙直接肥效不如水溶性磷，但残留肥效较高，因为它转化为磷酸三钙的机会较小，但以含枸溶性磷为主的硝酸磷肥比含水溶性磷的磷肥，肥效滞后，而且大颗粒（直径 5 毫米）比小颗粒（直径 2 毫米）和粉末的滞后现象更为严重。

硝酸磷肥的产品质量指标见表 7-1。

表 7-1 硝酸磷肥质量标准

（GB/T10510—1998）

项 目		指标		
		优等品	一等品	合格品
总氮肥（N），%	≥	27.0	26.0	25.0
有效磷（以 P_2O_5 计）含量，%	≥	13.5	11.0	10.0
水溶性磷占有效磷的百分比，%	≥	70.0	55.0	40.0
水分（游离水），%	≤	0.6	1.0	1.2
粒度（1.00~4.00 毫米），%	≥	95.0	85.0	80.0
颗粒平均抗压碎力（2.00~2.80），N	≥	50.0	40.0	30.0

硝酸磷肥是一种既含氮又含磷的复合肥料，适合酸性和中性土壤，对多种作物都有较好效果。可作基肥或追肥，也可作种肥，集中施用效果更好。硝酸磷肥的氮以硝态氮为主，易随水流失，应优先用于旱地和喜硝作物。旱田可施在种子斜下方 5 厘米处，以免影响发芽和烧苗；直播田可在播种时施用，宜做基肥或早期追肥，一般每亩用量 25~35 千克。

二、磷酸一铵

磷酸一铵（$NH_4H_2PO_4$）为二元氮磷复合肥料，别名磷酸二氢铵、一铵。料浆法生产的产品含氮（N）9％～10％，磷（P₂O₅）41％～46％。其产品为白色或浅色颗粒或粉末、吸湿性很小的稳定性盐类，加热到100℃左右不会引起氨损失。

磷酸一铵在土壤中的铵离子（NH_4^+）比其他铵盐容易被土壤吸附，因为在中性条件下容易离解，形成的 NH_4^+ 被土壤胶体（负电）吸收，同时形成的磷酸根离子（$H_2PO_4^-$）也是作物可吸收利用的形态。和铵离子共存的磷酸根离子特别容易被作物根系吸收。在作物生长期间施用磷酸一铵是最适宜的。另外，磷酸一铵中的磷比过磷酸钙中的磷不容易被固定，即使被固定的磷也容易再溶解。磷酸一铵在土壤中呈酸性，与种子过于接近，可能会有不良影响。在酸性土壤比普钙、硫酸铵为好，在碱性土壤也比其他肥料优越。磷酸一铵中的磷和重钙中的磷等效，所含氮和硫酸铵中的氮等效。

磷酸一铵产品主要技术指标见表7-2、表7-3。

磷酸一铵是一种以磷为主的氮磷复合肥料，适用于各种土壤和作物，可作种肥、基肥、追肥。基肥一般每亩用量15～25千克，种肥2.5～5千克。作种肥时要尽量避免与种子接触，用量应减少，避免影响种子发芽和烧苗。施用于油菜、小麦、水稻等作物时要注意与氮肥配合，其效果优于等磷量普钙和等氮量硫铵的综合肥效。对中耕作物最好采用开沟条施，亩用量7.5～10千克，小麦、油菜最佳用量 20 千克。

表 7-2　料浆浓缩法磷酸一铵质量标准

(GB 10205—2001)

指标名称	指标（%）		
	优等品 11-47-0	一等品 11-44-0	合格品 10-42-0
总养分（$N+P_2O_5$） ≥	58.0	55.0	52.0
总氮（N） ≥	10.0	10.0	9.0
有效磷（以 P_2O_5 计）含量 ≥	46.0	43.0	41.0
水溶性磷占有效磷的百分比 ≥	80	75	70
水分（H_2O） ≤	2.0	2.0	2.5
粒度(1.00～4.00毫米) ≥	90	80	80

表 7-3　粉状磷酸一铵质量标准

(GB10205—2001)

项　目	I 类		II 类		
	优等品 9-49-0	一等品 8-47-0	优等品 11-47-0	一等品 11-44-0	合格品 10-42-0
总养分（$N+P_2O_5$） ≥	58.0	55.0	58.0	55.0	52.0
总氮（N） ≥	8.0	7.0	10.0	10.0	9.0
有效磷（以 P_2O_5 计） ≥	48.0	46.0	46.0	43.0	41.0
水溶性磷占有效磷的百分比 ≥	80	75	80	75	70
水分（H_2O） ≤	4.0	5.0	3.0	4.0	5.0

　　磷酸一铵是以磷为主的肥料，施用时应优先用在需磷较多的作物和缺磷的土壤，按作物需磷情况

考虑用量，不足氮素由单质氮肥补充。

磷酸一铵不要与碱性肥料混合施用，以免降低肥效。如南方酸性土壤施用石灰时，应间隔几天后再施用。

三、磷酸二铵

磷酸二铵 $[(NH_4)_2HPO_4]$ 是二元氮磷复合肥料，料浆法生产的产品含氮 (N) 12%～14%，磷 (P_2O_5) 51%～57%。白色或浅色颗粒，吸湿性比磷酸一铵大，在 25℃ 100 克水中的溶解度为72.1 克，是水溶性速效肥料。

磷酸二铵在土壤中的铵离子 (NH_4^+) 比其他铵盐容易被土壤吸附。因为在中性条件下容易离解，形成的 NH_4^+ 被土壤胶体（负电）吸收，同时形成的磷酸根 $(H_2PO_4^-)$ 也是作物可吸收利用的形态。和铵离子共存的磷酸根离子特别容易被作物根系吸收。在作物生长期间施用磷酸二铵是最适宜的。另外，磷酸二铵中的磷比过磷酸钙中的磷不容易被固定，即使被固定的磷也容易再溶解。磷酸二铵在土壤中呈酸性，与种子接触会有不良影响。在酸性土壤中比普钙、硫酸铵好，在碱性土壤中也比其他肥料优越。磷酸二铵中的磷和重钙中的磷等效，所含氮和磷酸一铵中的氮等效。

磷酸二铵产品质量指标见表 7-4。

表 7-4　料浆法磷酸二铵质量标准

(GB 10205—2001)

项　　目		指标（%）	
		一等品 15-42-0	合格品 13-38-0
总养分（N+P_2O_5）	≥	57.0	51.0
总氮（N）	≥	14.0	12.0
有效磷（以 P_2O_5 计）	≥	41.0	37.0
水溶性磷占有效磷的百分比	≥	75	70
水分（H_2O）	≤	2.0	2.5
粒度（1.00～4.00 毫米）	≥	80	80

　　磷酸二铵基本适合所有土壤和作物。可用作基肥、种肥，也可叶面施用。基肥一般每亩用量15～25 千克，通常在整地前结合耕地将肥料施入土壤，也可在播种后开沟施入。作种肥时，通常将种子和磷酸二铵分别播入土壤，每亩用量 2.5～5 千克。叶面喷施需用水溶解后过滤，对水配成0.5%～1%溶液，一般每亩喷肥液 40～60 千克。

　　磷酸二铵不能和碱性肥料直接混合施用，否则铵容易损失，磷容易被固定。当季如果已经施用足够的磷酸二铵，后期一般不需再施磷肥，后期多以补充氮素为主。由于磷含量高，多数作物需要补充施用氮、钾，同时在施用时应优先用在需磷较多的作物和缺磷土壤。

作种肥要避免与种子直接接触，以免发生氨毒，影响发芽。

四、尿素—过磷酸钙—氯化钾复混肥

这类产品是以尿素 [CO (NH₂)₂]、过磷酸钙 [Ca (H₂PO₄)₂·H₂O]、氯化钾 (KCl) 为主要原料生产的氮磷钾三元系列复混肥料，总养分在 28%以上，还含有钙、镁、铁、锌等中量和微量元素。是目前我国复混肥料的代表品种之一。

本品为灰色或灰黑色颗粒状肥料，不起尘，不结块，便于装卸和施肥，在水中会发生崩解。易吸潮，能缓慢溶解于水。

本品宜做基肥施用，应深施盖土，切忌将肥料施在表面，一般每亩基施 50～60 千克。适用于稻、麦、玉米、棉花、油菜、豆类、瓜果等农作物。除忌氯作物外均可施用。

五、氯化铵—过磷酸钙—氯化钾复混肥

这类产品是由氯化铵、过磷酸铵、氯化钾为主要原料生产的氮磷钾三元双氯系列复混肥料，具生理酸性，施于水田时，硝态氮淋失和反硝化作用造

成的损失较少。其磷、钾由于被氯化铵活化而利于植物吸收。克服了过磷酸钙易结块、难粉碎、施用不便，氯化铵单独施用时容易造成局部短时间氯过量的缺点，加入过磷酸钙后的混合肥含有硫、镁、硅等营养元素。

本产品可作基肥和追肥，应深施盖土，施肥深度在各种作物的根系密集层。基肥一般每亩施用40～60千克，追肥20～30千克。

该产品的物理性状较好，但有吸湿性，贮存过程中应注意防潮结块。这类产品含氯离子较多，适用于耐氯作物如水稻、小麦、玉米、高粱、棉花、麻类等。甘薯、马铃薯、甜菜、烟草等作物对氯离子比较敏感，施用时应严格控制用量。长期施用这类产品，土壤容易变酸，因此南方在酸性土壤上连续施用时应适当配施石灰和有机肥料。这类产品可作基肥和追肥施用，但不宜作种肥。南方用于水稻肥效更为显著，因为氯离子对硝化细菌有抑制作用。氮素损失少，氯离子易随水流失，不会有过多的残留。盐碱地区以及干旱缺雨地区，氯化钙易在土壤中积累，使土壤溶液浓度增加，对种子发芽和幼苗生长不利，最好少用。

六、尿素—磷酸铵—硫酸钾复混肥

这类产品是用尿素、磷酸铵、硫酸钾为主要原料生产的复混肥系列产品，属无氯型氮磷钾三元复混肥，其氮磷钾含量可达 54%，水溶性磷（P_2O_5）大于 80%。

粉状复混肥料外观为灰白色或灰褐色均匀粉状物，不易结块，除了部分填充料外，其他成分均能在水中溶解。粒状复混肥料外观为灰白色或黄褐色粒状，pH 5～7，不起尘，不结块，便于装运和施肥，在水中会发生崩解。

本产品可做基肥、追肥（冲施、根外追肥），适用于各种作物，可作为烟草、甘蔗、果树、西瓜等忌氯作物的专用肥料。可针对烟草、甘蔗等不同忌氯作物的生长特点设计各种专用肥料。基肥应与有机肥配合施用，一般每亩 30～50 千克，施后立即翻耕入土。追肥可条施、穴施，施后覆土，并浇水。也可用水溶化后随浇水冲施，一般每亩每次 20～30 千克。如用于根外追肥，可将产品加 100倍水溶解，过滤后用滤液喷于作物叶面至湿润而不滴流为宜，一般每亩每次用水溶液 40～60 千克。

七、含锰复混肥料

含锰复混肥料是用尿素磷铵钾、硝磷铵钾和高浓度无机混合肥等混合，造粒前加入硫酸锰，或将硫酸锰事先与其中一种肥料混合，再与其他肥料混合，经造粒而制成。其营养成分见表 7-5。

表 7-5　以尿素磷铵为基础的
含锰复混肥料成分

肥　料	N：P₂O₅：K₂O：Mn	营养成分含量（%）			
		N	P₂O₅	K₂O	Mn
尿素磷铵钾	1：1：1：0.07	18	18	18	1.5
硝磷铵钾	1：1：1：0.07	17	17	17	1.3
无机混合肥料（尿素、磷酸铵、氯化钾）	1：1：1：0.06	18	18	18	1.0
磷酸一铵	1：4：0：0.25	12	52	—	3.0

　　缺锰土壤施用各种剂型的含锰复混肥料，对农作物均有效果。可作基肥，播前耕翻土壤时施入，一般亩用量 15～25 千克，条施 4～8 千克。对谷类作物和糖用甜菜采用穴施或条施最为合适。

八、含硼复混肥料

　　含硼复混肥料是将硝磷铵钾、尿素磷铵钾、磷酸铵及高浓度无机混合肥在造粒前加入硼酸，或将硼酸事先与其中一种肥料混合而成（表 7-6）。

表 7-6　以磷铵和尿素为基础的
含硼复混肥料成分

肥　料	N：P₂O₅：K₂O：B	营养成分含量（%）			
		N	P₂O₅	K₂O	B
硝磷铵钾	1：1：1：0.01	17	17	17	0.17

（续）

肥　料	N∶P₂O₅∶K₂O∶B	营养成分含量（%）			
		N	P₂O₅	K₂O	B
尿素磷铵钾	1∶1∶1∶0.01	18	18	18	0.20
无机混合肥料（尿素、磷酸铵、氯化钾、硼酸）	1∶1.5∶1∶0.05	16	24	16	0.20
磷酸一铵	1∶1∶1∶0.01	18	18	18	0.17

在有效硼缺乏的土壤施用含硼复混肥料，可使亚麻子实、糖用甜菜、蔬菜和荞麦子实产量明显提高。对大多作物可施用 1∶1∶1∶0.1 剂型含硼复混肥料，糖用甜菜种子田、饲料作物、食用块根作物、蔬菜作物，以 1∶1.5∶1∶0.01 剂型更为合适。可作基肥施用，一般亩 20～27 千克，作追肥时可穴施，每亩 4～7 千克。

九、含钼复混肥料

含钼复混肥料是硝磷铵钾和磷—钾肥（重过磷酸钙＋氯化钾，或普钙＋氯化钾）与钼酸铵的混合物。是向磷酸中添加钼酸铵中和，或者氨化、造粒而制成的。在制造磷—钾—钼肥时，需事先把过磷酸钙或氯化钾同钼酸铵一起浓缩（表7-7）。

表 7-7   含钼复混肥料成分

肥　　料	N：P₂O₅：K₂O：Mo	营养成分含量（%）			
		N	P₂O₅	K₂O	Mo
硝磷铵钾肥	1：1：1：1：0.01	17	17	17	0.05
双料普钙＋氯化钾	0：1：1：1：0.003	—	27	27	0.009
普钙＋氯化钾	0：1：1：1：0.003		15	15	0.05

在沙壤土和壤质土施含钼硝磷铵钾肥比施普通肥料使甘蓝、莴苣产量显著提高。在许多情况下，施含钼复混肥比播种前单用钼肥处理种子，效果更为明显。含钼硝磷铵钾肥适合蔬菜作物、一年生和多年生牧草、食用豆科作物和大豆等。适合作基肥，每亩用量 17～20 千克，穴施3.5～6.7 千克。

十、含铜复混肥料

对于栽培在低洼泥炭沼泽土壤的前茬作物，应施含铜复混肥料。因为这类土壤缺铜，谷类作物几乎不能形成子粒，饲料作物、蔬菜作物、亚麻和牧草产量很低。对于严重缺乏有效铜的生草灰化土壤，更应施用含铜复混肥料。

在确定含铜复混肥料的成分时，应考虑新开垦的干燥泥炭沼泽土头茬作物。施用铜时必须在氮、钾基础上钾用量超过氮。在生草灰化土壤，铜与这些大量元素配合要合理。已开垦的缺磷泥炭土壤也必须在施用磷、钾肥的基础上施铜。但是，在泥炭土上施用补充磷的含铜复混肥料，可能引起铜效果大幅度降低。

以尿素、氯化钾和硫酸铜为原料制取的氮—钾—铜复混肥料是一种高效颗粒状含铜复混肥料，含有效成分 N 14%～16%、K_2O 34%～40%、Cu 0.6%～0.7%。这种复混肥料中铜的效果较好，其他剂型含铜颗粒状复混肥料效果较差。这是由于氮—钾—铜已成为氨化复混肥料的组成成分，在溶液中容易分解，植物能很好吸收。

氮—钾—铜肥料作为一种含铜复混肥可用于泥炭土和其他某些缺铜土壤。肥料中氮、钾和铜之间的比例对需铜的所有作物都是适合的。作基肥或播种前作种肥，其用量均为每亩 14～34 千克。

十一、含锌复混肥料

以磷酸铵为基础制成的氮—磷—锌肥和氮—磷—钾—锌肥对需锌作物是有效的，分别含 N 12%～13%、P_2O_5 50%～60%、Zn 0.7%～0.8%，N 18%～21%、P_2O_5 18%～21%、K_2O 18%～21%、Zn 0.3%～0.4%。仅锌就能提高作物产量，例如在石灰性生草灰化沙壤土，玉米产量提高显著，种植在灰钙土的苜蓿子实产量也大幅度提高。施用含锌肥料对其他作物（菜豆、花卉类）也表现出同样的效果。

含锌复混肥料适用于所有需锌作物，既可撒施作基肥，也可穴施，尤其对谷类作物、玉米和糖用甜菜，施用磷酸铵时采用穴施更为合适。

含锌复混肥料对浆果类作物更有前途。因为在这种肥料中既有速效态锌，也有缓效态锌，可在许多年内满足浆果类作物对锌元素的需要。

十二、有机—无机复混肥料

在有机肥料中加入化肥，混合，制成有机—无机复混肥。可以造粒，也可以掺混后直接施用。

1. 有机物料 经过无害化、稳定化处理的有机物料风干或烘干后，粉碎，筛分，作为生产有机—无机复混肥的原料。无害化处理是指已通过一定的技术措施杀灭病原菌、虫卵和杂草种子等有害物质。稳定化处理，是指通过生物降解已将物料中易被微生物降解的有机成分如可溶性有机物、淀粉、蛋白质等转化为相对稳定的有机物，不会对植物种子和作物苗期生长产生不利影响。

2. 大量元素化肥 在有机物料中加入化肥，主要为了提高肥料效果。氮素原料有尿素、氯化铵、碳酸氢铵、硫酸铵等。生产有机—无机掺混肥用硫酸铵比较适宜，氮素损失小，粉末状容易同有机肥料混合均匀。磷素原料有过磷酸钙和钙镁磷肥，北方地区适宜用过磷酸钙，南方酸性土钙镁磷肥和过磷酸钙均可施用。钾素原料主要有氯化钾和硫酸钾，但生产马铃薯、烟草、西瓜等忌氯作物的有机—无机专用肥严禁使用氯化钾。

除了上述氮、磷、钾三种营养元素外，还有一些中量元素和微量元素的作用也不能忽视，主要包括镁、钙、硅、硼、锰、钼、锌、铁、钴、铜等。这些元素在植物生理功能中是不可被其他元素代替的，它们各自具有专一的生理功能。在作物整个生长过程中互相依赖，互相制约，处于一种平衡状态，一旦失去平衡，便会使作物产生生理病害。在复混肥中增加适量微量元素，使农作物增产增收。各种微量元素的施用浓度范围往往较小，约0.05～1.0毫克/千克，过少或过多都无益，甚至会造成危害。据有关资料报道，微量元素的加入量为每吨有机肥料加入硼（B）0.2千克、锌（Zn）0.5千克、锰（Mn）0.5千克、铜（Cu）0.5千克、铁（Fe）1千克、钼（Mo）0.005千克。

有机—无机复混肥料在施用时应考虑土壤、作物和气候等因素。必须指出的是，虽然有机—无机复混肥料含有相当数量的有机质，具有一定的改土培肥作用和养分控释作用，但其作用有限，与大量施用有机肥做基肥不同，由于施用有机—无机复混肥料时单位面积农地实际投入的有机质相当少，因此对某些土壤要注意有机肥的投入和后期补施化肥。

有机—无机复混肥料适用于各种土壤、各种作物，一般可做基肥，也可做追肥和种肥。做种肥要注意条施和穴施时避免与种子直接接触，避免有机物的降解作用以及无机养分对种子发芽产生不良影响。基肥每亩施用 50~60 千克，追肥（条施或穴施）20~30 千克。施肥深度 6~16 厘米。

十三、复混肥料安全施用

1. 按土壤状况施用　目前我国南方土壤缺钾的面积不断扩大，缺磷有所缓和，宜施用以氮、钾为主的复混肥料。北方多数地区施磷肥效果显著，钾肥效果不显著，以施用氮、磷为主的复混肥料为宜。但经济作物和高产地区应提倡施用氮、磷、钾三元复混肥料。

广东省农业科学院土壤肥料研究所的 8 个水稻试验，在土壤有效磷（P_2O_5）和有效钾（K_2O）平均为 10.9 毫克/千克和 30 毫克/千克，即富磷缺钾条件下，每亩施氮磷钾复混肥 20.8 千克，氮（N）、磷（P_2O_5）、钾（K_2O）比例为 1：0.6：0.48，平均亩产 374.5 千克；每亩施氮磷复混肥 16 千克，氮（N）、磷（P_2O_5）比例为 1：0.6，平均亩产 330.1 千克；每亩施氮钾复混肥 14.8 千克，氮（N）、钾（K_2O）比例为 1：0.48，平均亩产 358 千克。由此可见，在这类土壤施氮钾与氮磷钾复混肥的产量差异不大，磷肥增产作用很小。

中国农业科学院茶叶研究所经多年试验表明，土壤中水解氮 100～150 毫克/千克、有效磷 15～20 毫克/千克、速效钾 50～80 毫克/千克的茶园，以 2∶1∶1 复混肥增产效果较好；如果土壤中有效磷在 10 毫克/千克以下，速效钾不到 50 毫克/千克，施用高磷高钾复混肥增产效果更佳。

复混肥因土施用，还应根据当地土壤养分以及气候变化等实际状况灵活掌握。有些作物和地块还需在复混肥中添加某些微量元素。

2. 按作物需肥特点施用　根据作物种类和不同的营养特点，选用适宜的复混肥品种。例如，烟草施用不含氯的三元复混肥可增加叶片厚度，改善烟叶燃烧性和香味；果树、西瓜等作物施用三元复混肥可降低果品酸度，提高甜度；甘蔗、甜菜施用三元复混肥可提高其含糖量；谷类作物主要根据土壤养分丰缺情况而定。专用复混肥因费用较高，多用于经济作物。

根据各地试验结果，几种经济作物施用氮磷钾三元复混肥料的适宜养分比例大致是：棉花选用 1∶0.5∶1 或 1∶0.5∶0.5 型复混肥，苎麻 1∶0.35∶0.8，甘蔗 1∶0.23∶1.1，甜菜 1∶0.7∶0.8，花生、大豆 1∶2∶1，西瓜 1∶0.4∶0.8。苹果在育苗期和幼龄期为 1∶1∶0.5，在结果树上全年一次施用 1∶0.4∶0.8；茶园一般为 1∶0.5～

1：0.5～1，就茶类来说，红茶产区要多施磷肥，绿茶产区要多施氮肥。

3. 按养分形态施用 复混肥料的性质主要由其养分形态所决定，含硝态氮的复混肥在水田少用或不用；含枸溶性磷复混肥更适合酸性土壤；含高氯离子的复混肥不宜在烟草、马铃薯等对氯敏感的作物上施用。

水溶性磷复混肥是指尿素磷铵系、尿素重钙系、尿素普钙系等品种。这些品种的复混肥肥效较稳定，在我国南方水旱田各种作物上均适宜。与硝酸磷肥系复混肥相比，在有效磷含量不同的土壤施用当季肥效有一定差异，土壤有效磷含量越低，水溶性磷复混肥的肥效越好。因此，严重缺磷的土壤应施用水溶性磷复混肥。

硝酸磷肥系和硝磷钾肥系含有的氮素，其中一半为硝态氮，在多雨的南方坡地和水田易被淋失，肥效下降。因此，这类复混肥料宜在旱地土壤施用，尤其适合北方旱作物。

4. 以基施为主 复混肥料中有磷或磷钾养分，多呈颗粒状，比单质化肥分解缓慢，做基肥或种肥较好。据报道，复混肥料一般做基肥施用，但在中低产田以条施做种肥的效果较好。做种肥条施，必须将种子和肥料隔开，否则会影响出苗率。肥料对小麦和玉米发芽率的影响程度由大到小的顺序为氯磷铵、硝酸磷肥、尿素、尿素磷铵。距种子5厘米处施肥对种子发芽无明显影响。

复混肥用量较大时，以基肥为宜，用量较少时可集中做种肥。在无基肥或基肥不足的情况下，用复混肥做追肥也有很好的增产效果。多年生作物全生育期均施用养分比例适宜的复混肥，增产效果好。

十四、复混肥料施用量计算

复混肥料种类很多，成分复杂，养分含量各不相同。施用不合理必然造成某种营养元素过量或不足，导致养分比例失调。应根据复混肥料成分、养分含量和作物需肥的要求计算出肥料的用量。为便于应用，以基肥为例说明如下。

例1：已知硝酸磷肥有效养分为 20—20—0，计划每亩基施氮素（N）8 千克，磷素（P_2O_5）6 千克，计算硝酸磷肥或其他单质化肥的需要量。

计算步骤如下：

①计划 6 千克磷素（P_2O_5），需要多少硝酸磷肥。计算时用 6 千克除以硝酸磷肥中含磷量，

$$6 \div \frac{20}{100} = 30 \text{（千克）}$$

即 30 千克硝酸磷肥含有 6 千克磷素（P_2O_5）。

②计算 30 千克硝酸磷肥中含有多少氮素。用 30 千克乘以硝酸磷肥中含氮量，

$$30 \times \frac{20}{100} = 6 \text{（千克）}$$

即用 30 千克硝酸磷肥做基肥，磷素满足了，氮素不够，不够的数量为 8－6＝2（千克）。

③如果用碳酸氢铵（17%）或尿素（46%）补充氮素，可用以上方法计算需要补充的碳酸氢铵或尿素的数量，

需补充的碳酸氢铵：$2 \div \frac{17}{100} = 11.8$（千克）

或

尿素：$2 \div \frac{46}{100} = 4.3$（千克）

由计算得知，基肥每亩用量应为 30 千克硝酸磷肥加上 11.8 千克碳酸氢铵（或 4.3 千克尿素）。

例 2：已知氮磷钾复混肥料的有效养分为 18—9—12，计划每亩基肥用 5 千克氮素（N），4 千克磷素（P_2O_5），5 千克钾素（K_2O），需要多少氮磷钾复混肥料和其他单质化肥？

计算步骤如下：

①计算出 5 千克氮素（N），需要多少复混肥料，

$$5 \div \frac{18}{100} = 27.8 \text{（千克）}$$

②计算出 27.8 千克复混肥料中含有多少磷素（P_2O_5）和钾素（K_2O），以及需要补充多少磷素和钾素，

含有磷素 $=27.8 \times \dfrac{9}{100} = 2.5$（千克）

需补充磷素 $= 4 - 2.5 = 1.5$（千克）

含有钾素 $=27.8 \times \dfrac{12}{100} = 3.3$（千克）

需补充钾素 $= 5 - 3.3 = 1.7$（千克）

③如果用氯化钾（含钾 60%）和普钙（含磷 14%）来补充钾素和磷素，其需要量应为，

需补充氯化钾 $= 1.7 \div \dfrac{60}{100} = 2.8$（千克）

需补充普钙 $= 1.5 \div \dfrac{14}{100} = 10.7$（千克）

计算结果，基肥每亩用量应为 27.8 千克氮磷钾复混肥料（18—9—12），再加上 2.8 千克氯化钾（60%）和 10.7 千克普钙（14%）。

例 3：小麦专用复混肥 10—9—6，应如何施用？

粮食作物专用肥的养分配方适合做基肥，追肥用尿素（46%）比较适宜。如果单产在 400 千克左右，每亩总施氮（N）量约 11 千克，基肥和追肥的分配为 6 千克和 5 千克，则，

基肥需专用肥 $= 6 \div \dfrac{10}{100} = 60$（千克）

其中，含磷 $(P_2O_5) = 60 \times \dfrac{9}{100} = 5.4$（千克）

含钾 $(K_2O) = 60 \times \dfrac{6}{100} = 3.6$（千克）

$$追肥需尿素=5\div\frac{46}{100}=10.9（千克）$$

计算结果，基肥需用小麦专用肥 60 千克，追肥用尿素 10.9 千克；小麦总的养分用量比例 N：P_2O_5：$K_2O=11$：5.4：$3.6=1$：0.49：0.33，每亩养分用量氮＋磷＋钾＝20 千克。

第八讲
主要作物施肥与专用肥配方

一、冬小麦

1. 冬小麦需肥特点 冬小麦在生长发育过程中需不断从土壤中吸收氮、磷、钾、钙、镁、硫、硅、氯、铁、锰、硼、锌、铜、钙等营养元素，其中氮、磷、钾吸收量最多，一般中等肥力水平的麦田每生产 1000 千克子粒需要氮（N）25～35 千克、磷（P_2O_5）10～15 千克、钾（K_2O）25～31 千克、钙（CaO）5.9～6.7 千克、镁（MgO）3.4～4.1 千克、硫 8～12 千克、铁 825 克、锌 60～82 克、锰 59～79 克、铜 66～70 克，氮、磷、钾比例约 1∶0.42∶0.93。据报道，冬小麦一生吸收氮、磷、钾的比例为 1∶0.35～0.40∶0.8～1.0。从营养元素向子粒运送的效率看，以氮、磷为最高，锌、锰、镁、铜次之，钾、钙、铁最低。

冬小麦在营养生长阶段（出苗、分蘖、越冬、返青、起身、拔节）施肥主要作用是促分蘖和增穗，生殖生长阶段（孕穗、抽穗、开花、灌浆、成熟）则以增粒重为主。一般从拔节到开花期，是小麦一生中吸收养分的高峰时期,占全生育期养分吸收量的 50% 以上,尤其对磷、钾的吸收量大。

冬小麦有较长的越冬期,对氮素的吸收占有重要地位。适量的氮素有助于增加冬前有效分蘖数和总穗数。如氮素过多,反而会引起减产。

2. 冬小麦施肥技术　我国冬小麦主要产区在黄淮平原和华北平原。北方土壤大多偏碱,磷素易被固定,易使小麦缺磷,而钾素相对比南方较为丰富。小麦施肥应以有机、无机肥相结合。北方小麦较为合理的养分配比为 N 1：P_2O_5 0.75：K_2O 0.35,南方旱地小麦为 N 1：P_2O_5 0.4：K_2O 0.36 效果较好。

冬小麦在各个生长发育阶段吸收氮、磷、钾养分的规律是:从出苗至返青期前,吸收养分和积累干物质较少;返青以后吸收速度增加,从拔节至抽穗是吸收养分和积累干物质最快的时期;开花以后对养分的吸收率逐渐下降。冬小麦对氮的吸收有两个高峰:一是从分蘖到越冬;二是从拔节到孕穗,且吸收高峰大于前一个高峰。据中国农业科学院土壤肥料研究所对亩产 412 千克冬小麦植株的分析结果,在营养生长阶段吸收的氮占全生育期总量的 40%、磷占 20%、钾占 20%;从拔节到扬花是小麦吸收养分的高峰期,约吸收氮 48%、磷 67%、钾 65%;子粒形成以后,吸收养分明显下降。因此,小麦苗期应有足够的氮和适量的磷、钾营养。

根据小麦生育规律和营养特点，应重施基肥和早施追肥。基肥用量一般应占总施肥量的 60%～80%，追肥占 40%～20%。

（1）施足基肥　一般在前茬作物收获后结合土地翻耕施基肥，目的是深施肥，以满足小麦中后期对养分的需要。基肥以有机肥为主，配合适量无机养分，一般每亩施有机肥 2000～5000 千克和小麦专用肥 30～50 千克（或尿素 10 千克、磷酸二铵 15～20 千克、氯化钾 10 千克）。

（2）种肥　冬小麦播种时，还可以将少量化肥做种肥，以保证小麦出苗后能及时吸收到养分，对增加小麦冬前分蘖和次生根生长有良好的作用。小麦种肥在基肥用量不足或贫瘠土壤、晚播麦田上应用，其增产效果更为显著。每亩可用小麦专用肥 8～15 千克［或尿素 2～3 千克（或硫酸铵 5 千克）和过磷酸钙 5～10 千克］。种子和化肥最好分别播施。

（3）合理追肥　追肥结合灌溉可提高施肥效果。冬小麦生育期一般追肥 2 次，在越冬前或返青后及拔节期各 1 次，每次施小麦专用肥 10～30 千克。返青后也可追施尿素 10～25 千克。小麦生长中后期可喷施农海牌氨基酸叶面肥，若在稀释的肥液中加入 0.2%～0.4% 磷酸二氢钾，则效果最好。每 10 天左右喷施 1 次，连喷 2～3 次，可防小麦倒伏，提高小麦产量和品质。应注意的是，若施用小麦专用肥做追肥时，可穴施、沟施，但应提前施用，也可对水溶化后随水冲施。小麦在越冬前不要追施氮肥。

3. 冬小麦专用肥料配方

氮、磷、钾三大元素含量为30％的配方：

30％＝N15：P_2O_5 8：K_2O 7

　　＝1：0.53：0.47

原料用量与养分含量（千克/吨产品）：

硫酸铵 100　　N＝100×21％＝21

　　　　　　　S＝100×24.2％＝24.2

尿素 263　　N＝263×46％＝120.98

磷酸一铵 69　　P_2O_5＝69×51％＝35.19

　　　　　　　N＝69×11％＝7.59

过磷酸钙 250　　P_2O_5＝250×16％＝40

　　　　　　　CaO＝250×24％＝60

　　　　　　　S＝250×13.9％＝34.75

钙镁磷肥 25　　P_2O_5＝25×18％＝4.5

　　　　　　　CaO＝25×45％＝11.25

　　　　　　　MgO＝25×12％＝3

　　　　　　　SiO_2＝25×20％＝5

氯化钾 116　　K_2O＝116×60％＝69.6

　　　　　　　Cl＝116×47.56％＝55.17

氨基酸硼 10　　B＝10×10％＝1

氨基酸螯合锌、锰、铁、铜 15　生物磷钾菌剂（颗粒）50　氨基酸 30　生物制剂 20　增效剂 10　调理剂 42

二、水稻

1. 水稻需肥特点 水稻正常生长发育过程中除必需的 16 种营养元素外，吸收硅的量也很大，施用硅可防止倒伏。据分析，每产 1 000 千克稻谷，需吸收硅 175～200 千克、氮（N）16～25 千克、磷（P_2O_5）6～13 千克、钾（K_2O）14～31 千克。吸收氮、磷、钾的比例约 1∶0.5∶1.2。杂交水稻的吸钾量一般高于普通水稻。水稻不同生育时期的吸肥规律是：分蘖期吸收养分较少，幼穗分化到抽穗期是吸收养分最多和吸收强度最大的时期，抽穗以后一直到成熟，养分吸收量明显减少。

南北稻区土壤不同，在施肥配比上有所差别。南方土壤多偏酸，磷素较为丰富，缺钾；北方稻田多偏碱，缺磷，施磷后易被土壤固定，钾相对丰富。因此，南方水稻较合理的氮、磷、钾之比为 1∶0.3～0.5∶0.7～1.0，平均 1∶0.4∶0.9；北方水稻施肥的氮、磷、钾比例以 1∶0.5∶0.5 较为合适。

2. 水稻施肥技术

（1）秧田施肥 水稻施肥应根据单季稻和双季稻的特点，分别采取不同的施肥技术。双季早稻秧龄 28～30 天，中稻 30 多天。由于早、中稻秧龄期短，要求秧苗生长快而壮。优质农家肥（如腐熟人粪尿、厩肥或幼嫩绿肥等，每亩施1～1.5吨）和适量化肥或专用肥做基肥。氮肥要深层施。湿润秧田育秧可在秧田第二次犁田时，每亩施碳酸氢铵15～25千克（或硫酸铵15～20千克）和专用肥15～20千克。在我国南方稻作区，早、中稻育秧期间正遇低温阴雨天气，土壤有效磷和速效钾含量较少，应施用磷肥（每亩施过磷酸钙或钙镁磷肥30～40千克）和钾肥（每亩施氯化钾10千克或专用肥15～25千克）做基肥，减少水稻烂秧和培养壮秧。早、中稻秧田追肥1～2次。稻秧生长到3叶期时追肥，称断奶肥。一般断奶肥用速效氮肥或人粪尿，每亩施尿素3～4千克或硫铵7.5～10千克、腐熟人粪尿500千克。为了提高移栽秧苗的发根能力，加速活棵返青，有利分蘖，在拔秧前3～4天施起身肥，可选用硫铵或尿素，一般每亩施硫铵10～15千克或尿素3～5千克。

（2）本田施肥　水稻本田期各生长阶段施肥量有所不同，应根据预期产量、水稻对养分的需要量、土壤养分的供给量以及所施肥料的养分含量和利用率等确定。以广东珠江三角洲地区为例，丰产田每亩一季水稻产量500千克，亩施氮量（纯氮）12千克，磷、钾量可通过氮、磷、钾比例计算。施肥时期可分为基肥、分蘖肥、穗肥、粒肥（视水稻生长势而定）4个时期。

①施肥原则：有机肥和化肥配合施用；氮、磷、钾配合施用；缓效性肥料与速效性肥料配合施用；大量元素和微量元素配合施用。

②施肥量：因品种熟期不同确定不同的施肥量，晚熟插秧每亩施肥量为氮（N）20～22千克、磷（P_2O_5）9千克、钾（K_2O）6千克、硅（SiO_2）50千克；中早熟施肥量为纯氮（N）16～18千克、磷（P_2O_5）8千克、钾（K_2O）6千克、硅（SiO_2）50千克。

③施肥时间：

基肥：在每亩施有机肥1～2吨基础上，晚熟插秧亩施水稻专用肥40～60千克（或磷酸二铵20千克、尿素14～16千克、氯化钾10千克），硅肥50～100千克。中早熟亩施水稻专用肥30～50千克（或磷酸二铵17千克、尿素10.5～13千克、氯化钾8千克）。

分蘖肥：分2次施用。晚熟插秧第一次在水稻插秧后5～7天，每亩追施水稻专用肥5～7千克，（或尿素6.5～7千克、酸氢碳铵17.5～19.5千克）；第二次在插秧后15天左右，每亩追施水稻专用肥6～7千克或尿素6.5～7千克。中早熟品种第一次在水稻3.5～4叶期，每亩追施水稻专用肥5～6千克或尿素5.5～6千克，盐碱地每亩可追施硫酸铵15千克；第二次在插秧后6叶期，每亩追施水稻专用肥5～6千克或尿素5.5～6千克。

穗肥：根据田间长势确定追肥量和追肥时间，一般 7 月 10 日左右，晚熟品种每亩追施水稻专用肥 4～4.5 千克或尿素 4 千克；中早熟品种每亩追施水稻专用肥 3～4 千克或尿素 3.5～4 千克。

粒肥：在水稻齐穗后，晚熟品种每亩追施水稻专用肥 3～4 千克或尿素 3 千克；中早熟品种每亩追施水稻专用肥 2～3 千克或尿素 2～3 千克。

（3）直播水稻施肥　晚稻一般为 30～40 天，最长达 50 天。晚稻秧田宜用肥效缓而持久的塘泥、猪粪尿等 1～2 吨做基肥。也要施用磷肥，每亩基施过磷酸钙 25～30 千克或钙镁磷肥 25～30 千克。钾对晚稻育秧非常重要，施钾肥可防止秧苗叶斑病、褐斑病等，每亩晚稻秧田施氯化钾 8 千克左右做面肥。应特别注意基肥少施或不施氮肥，以利于控制秧苗生长；用氮肥做追肥，必须严格看苗施肥，秧苗中期无缺氮现象不追肥；晚稻秧苗施起身肥（送嫁肥）以移栽前两天每亩施硫铵 10 千克或尿素 5 千克为宜。

（4）再生稻施肥　杂交早、中、晚稻育秧技术一般与常规早、中、晚稻基本相似，但应增施钾肥，一般每亩施 10～15 千克氯化钾做面肥。

3. 水稻专用肥料配方

配方 I：南方水稻专用肥料配方

氮、磷、钾三大元素含量为 30% 的配方：

$30\% = N\ 13 : P_2O_5\ 5.2 : K_2O\ 11.8$

=1：0.4：0.9

原料用量与养分含量（千克/吨产品）：

硫酸铵 100　　N＝100×21％＝21

　　　　　　　S＝100×24.2％＝24.2

尿素 225　　N＝225×46％＝103.5

磷酸一铵 48　　P_2O_5＝48×51％＝24.48

　　　　　　　N＝48×11％＝5.28

过磷酸钙 150　　P_2O_5＝150×16％＝24

　　　　　　　CaO＝150×24％＝36

　　　　　　　S＝150×13.9％＝20.85

钙镁磷肥 20　　P_2O_5＝20×18％＝3.6

　　　　　　　CaO＝20×45％＝9

　　　　　　　MgO＝20×12％＝2.4

　　　　　　　SiO_2＝20×20％＝4

氯化钾 197　　K_2O＝197×60％＝118.2

　　　　　　　Cl＝197×47.56％＝93.7

硅肥 183　　SiO_2＝183×50％＝91.50

氨基酸硼 10　　B＝10×10％＝1

氨基酸螯合锌、锰 7　　生物制剂 20　　增效剂

10　调理剂 30

配方Ⅱ：北方水稻专用肥料配方

氮、磷、钾三大元素含量为30％的配方：

30％＝N 15：P_2O_5 7.5：K_2O 7.5

　　＝1：0.5：0.5

原料用量与养分含量（千克/吨产品）：

硫酸铵 100　N＝100×21％＝21

　　　　　　S＝100×24.2％＝24.2

尿素 258　N＝258×46％＝118.68

磷酸一铵 93　P_2O_5＝93×51％＝47.43

　　　　　　N＝93×11％＝10.23

过磷酸钙 150　P_2O_5＝150×16％＝24

　　　　　　CaO＝150×24％＝36

　　　　　　S＝150×13.9％＝20.85

钙镁磷肥 20　P_2O_5＝20×18％＝3.6

　　　　　　CaO＝20×45％＝9

　　　　　　MgO＝20×12％＝2.4

　　　　　　SiO_2＝20×20％＝4

氯化钾 125　K_2O＝125×60％＝75

　　　　　　Cl＝125×47.56％＝59.45

硅肥 137　SiO_2＝137×50％＝68.50

氨基酸硼 8　B＝8×10％＝0.8

氨基酸螯合锌、锰 10　氨基酸 30　生物制剂 20　增效剂 10　调理剂 39

三、玉米

1. 玉米需肥特点　各地研究表明，每生产 1 000 千克玉米子粒，春玉米氮、磷、钾吸收比例为 1∶0.3∶1.5，吸收氮（N）35～40 千克、磷（P_2O_5）12～14 千克、钾（K_2O）50～60 千克；

夏玉米氮、磷、钾吸收比例为 $1:0.4\sim0.5:$ $1.3\sim1.5$，吸收氮（N）$25\sim27$ 千克、磷（P_2O_5）$11\sim14$ 千克、钾（K_2O）$37\sim42$ 千克。玉米不同生育期对养分吸收特点不同，春玉米与夏玉米相比，夏玉米对氮、磷的吸收更集中，吸收峰值也早。一般春玉米苗期（拔节前）吸氮仅占总量的 2.2%，中期（拔节至抽穗开花）占 51.2%，后期（抽穗后）占 46.6%；夏玉米苗期吸氮占 9.7%，中期占 78.4%，后期占 11.9%。春玉米吸磷，苗期占总吸收量的 1.1%，中期占 63.9%，后期占 35.0%；夏玉米苗期吸收磷占 10.5%，中期占 80%，后期占 9.5%。玉米对钾的吸收，春、夏玉米均在拔节后迅速增加，且在开花期达到峰值，吸收速率大，容易导致供钾不足，出现缺钾症状。玉米对锌敏感，施适量锌可提高产量。

2. 玉米施肥技术 根据玉米生育期营养吸收规律，施肥原则是施足基肥，轻施苗肥，重施拔节肥和穗肥，巧施粒肥。应注意的是不可偏施氮肥，以免造成养分供应不平衡。

（1）基肥 基肥以有机肥为主，一般每亩施 3 000 千克左右有机肥和玉米专用肥 $40\sim60$ 千克。一般基肥中迟效性肥料约占基肥总用量的 80%，速效性肥料占 20%。基肥可全层深施，肥料用量少时可采用沟施或穴施。间作或混作玉米应重视种肥，一般用有机肥料配合适量氮、磷、钾化肥，采用条施或穴施方法进行。

（2）追肥　每亩施肥量低于 20 千克专用肥时，宜在拔节中期施一次追肥，秆、穗齐攻。一般早熟品种播后 30 天左右（即"喇叭口"期）追肥为好，中熟品种播后 25 天左右追肥，晚熟品种播后 35～40 天追肥，每亩施用量超过 20 千克专用肥的以分次追施为好。重点放在攻秆和攻穗肥，辅之以提苗、攻籽肥。各地试验结果表明，采用二次追肥一般以前重后轻即攻秆肥 60%～70%、攻穗肥 30%～40% 为好，高肥力田块或施过底肥、种肥、提苗肥的以前轻后重为佳。对于一些缺锌、铁、硼等微量元素的土壤，在拔节、孕穗期喷施农海牌氨基酸叶面肥或 0.3% 硫酸锌、0.2% 硼砂溶液，均有显著的增产效果。

3. 玉米专用肥料配方

氮、磷、钾三大元素含量为 35% 的配方：

$35\% = N\ 12.5 : P_2O_5\ 5.5 : K_2O\ 17$

$= 1 : 0.44 : 1.36$

原料用量与养分含量（千克/吨产品）：

硫酸铵 100　$N = 100 \times 21\% = 21$

　　　　　　$S = 100 \times 24.2\% = 24.2$

尿素 204　$N = 204 \times 46\% = 93.84$

磷酸一铵 73　$P_2O_5 = 73 \times 51\% = 37.23$

　　　　　　$N = 73 \times 11\% = 8.03$

过磷酸钙 100　$P_2O_5 = 100 \times 16\% = 16$

$$CaO = 100 \times 24\% = 24$$

$$S = 100 \times 13.9\% = 13.9$$

钙镁磷肥 10　$P_2O_5 = 10 \times 18\% = 1.8$

$$CaO = 10 \times 45\% = 4.5$$

$$MgO = 10 \times 12\% = 1.2$$

$$SiO_2 = 10 \times 20\% = 2$$

氯化钾 283　$K_2O = 283 \times 60\% = 169.80$

$$Cl = 283 \times 47.56\% = 134.59$$

氨基酸硼 10　$B = 10 \times 10\% = 1$

氨基酸螯合锌、锰、铁、铜、钼 15

硝基腐植酸铵 100　$HA = 100 \times 60\% = 60$

$$N = 100 \times 2.5\% = 2.5$$

氨基酸 30　生物制剂 23　增效剂 12　调理剂 40

四、大豆

1. 大豆需肥特点　大豆含蛋白质、脂肪等多种营养成分，因此需要吸收大量氮、磷、钾等多种营养元素。大豆需钙较多，在南方酸性缺钙土壤应施石灰。大豆需氮虽多，但可通过根瘤菌获取大气中氮元素 5～7.5 千克/亩，约占大豆需氮总量的 40%～60%。据报道，每生产 1000 千克大豆，需要从土壤中吸收氮（N）81～101 千克、磷（P_2O_5）18～30 千克、钾（K_2O）29～63 千克、钙（CaO）23 千克、镁（MgO）10 千克、硫（S）6.7 千克，平均氮（N）、磷（P₂O₅）、钾（K₂O）比例为 1：0.26：0.51。大豆吸收的养分远远高于水稻、小麦和玉米。

开花至鼓粒期既是大豆干物质累积的高峰期，又是吸收氮、磷、钾养分的高峰期。

（1）吸氮高峰期：出苗和分枝期吸氮量占大豆全生育期吸氮总量的 15%，分枝至盛花期占 16.4%，盛花至结荚期占 28.3%，鼓豆期占 24%，可见开花至鼓粒期是大豆吸氮高峰期。

（2）吸磷高峰期：苗期至初花期吸磷量占全生育期吸磷总量的 17%，初花至鼓豆期占 70%，鼓粒至成熟期占 13%，可见大豆生长中期对磷的需要量最多。

（3）吸钾高峰期：开花前累计吸钾量占 43%，开花至鼓粒期占 39.5%，鼓粒至成熟期仍需吸收 17.2%的钾。

由于大豆营养生长和生殖生长并进时期较长，吸收的氮、磷、钾元素又明显高于小麦、玉米，因此大豆是需肥较多的作物，其子粒及茎秆氮、磷、钾含量远大于各种粮食作物。子粒、茎秆含氮（N）分别为 5.3%、1.3%，含磷（P₂O₅）1.0%、0.3%，含钾（K₂O）1.3%、0.5%。

大豆需肥规律是：从出苗到开花需要的养分占全生育期的 20.45%，开花到鼓粒期占全生育期

54.6%，鼓粒到成熟占 25%。大豆虽然有根瘤，有固氮的能力，但其所需磷、钾元素必须从土壤中吸取，早期需要的氮素也必须从土壤中吸取，因早期尚未结瘤固氮。

2. 大豆施肥技术 大豆施肥的原则是既要保证大豆有足够的营养，又要发挥根瘤菌的固氮作用。因此，无论是在生长前期或后期，施氮都不应该过量，以免影响根瘤菌生长或引起倒伏。但另一方面也必须纠正那种"大豆有根瘤菌就不需要氮肥"的错误观念。施肥要做到氮、磷、钾大量元素和硼、钼等微量元素肥料合理搭配，迟效、速效肥并用。

大豆施肥要根据地力、品种特性、种植方式和土壤类型等情况而定。

（1）基肥：基肥以有机肥为主，一般每亩施腐熟有机肥 1 000～2 000 千克和大豆专用肥40～60千克，混匀后施入土壤耕作层。对酸性缺钙土壤每亩施石灰 15～25 千克。

施足基肥是大豆增产的关键。在轮作地，可在前茬粮食作物上施用有机肥料，而大豆则利用其后效，有利于结瘤固氮，提高产量。在低肥力土壤上种植大豆，每亩加施大豆专用肥 20～30 千克或过磷酸钙 20～25 千克、尿素 2.5 千克、氯化钾 10 千克作基肥。

（2）种肥：种肥一般每亩用大豆专用肥10～15

千克或过磷酸钙 10～15 千克、磷酸二铵 5 千克。缺硼的土壤加硼砂 0.4～0.6 千克。大豆是双子叶作物，出苗时种子顶土困难，种肥最好施于种子下部或侧面，距种子 6～8 厘米，切勿使种子与肥料直接接触。此外，我国大豆种植地区用 1%～2% 钼酸铵拌种，效果也很好。

（3）追肥：大豆对氮、磷、钾大量吸收在开花以后，至鼓粒期达到高峰，在开花前或开花初期每亩施大豆专用肥 10～15 千克，开沟条施、覆土。磷、钾肥选用叶面喷施方法较为适宜，可选用农海牌氨基酸叶面肥、0.1%～0.3% 磷酸二氢钾溶液等，每亩用量 50 千克，混合后叶面喷施 2～3 次，每次间隔 7～10 天。

3. 大豆专用肥料配方

配方 Ⅰ

氮、磷、钾三大元素含量为 35% 的配方：

$35\% = N10 : P_2O_5 \ 15 : K_2O \ 10 = 1 : 1.5 : 1$

原料用量与养分含量（千克/吨产品）：

硫酸铵 100　　$N = 100 \times 21\% = 21$

　　　　　　　$S = 100 \times 24.2\% = 24.2$

尿素 107　　$N = 107 \times 46\% = 49.22$

磷酸一铵 252　　$P_2O_5 = 252 \times 51\% = 128.52$

　　　　　　　　$N = 252 \times 11\% = 27.72$

过磷酸钙 120　　$P_2O_5 = 120 \times 16\% = 19.2$

　　　　　　　　$CaO = 120 \times 24\% = 28.8$

$$S=120\times13.9\%=16.68$$

钙镁磷肥 12　$P_2O_5=12\times18\%=2.16$

$$CaO=12\times45\%=5.4$$

$$MgO=12\times12\%=1.44$$

$$SiO_2=12\times20\%=2.4$$

氯化钾 167　$K_2O=167\times60\%=100.2$

$$Cl=167\times47.56\%=79.43$$

硼砂 20　$B=20\times11\%=2.2$

氨基酸螯合钼、锌、锰、稀土 13

硝基腐殖酸 100　$HA=100\times60\%=60$

$$N=100\times2.5\%=2.5$$

氨基酸 42　生物制剂 25　增效剂 12　调理剂 30

配方Ⅱ

氮、磷、钾三大元素含量为 25% 的配方：

$25\%=N7：P_2O_5\ 14：K_2O\ 4=1：2：0.57$

原料用量与养分含量（千克/吨产品）：

硫酸铵 100　$N=100\times21\%=21$

$$S=100\times24.2\%=24.2$$

尿素 47　$N=47\times46\%=21.62$

磷酸一铵 222　$P_2O_5=222\times51\%=113.22$

$$N=222\times11\%=24.42$$

过磷酸钙 150　$P_2O_5=150\times16\%=24$

$$CaO=150\times24\%=36$$

$$S=150\times13.9\%=20.85$$

钙镁磷肥 15　$P_2O_5=15×18\%=2.7$

　　　　　　　$CaO=15×45\%=6.75$

　　　　　　　$MgO=15×12\%=1.8$

　　　　　　　$SiO_2=15×20\%=3$

氯化钾 70　$K_2O=70×60\%=4.2$

　　　　　　$Cl=70×47.56\%=33.29$

七水硫酸镁 82　$MgO=82×16.35\%=13.41$

　　　　　　　　$S=82×13\%=10.66$

硼砂 20　$B=20×11\%=2.2$

氨基酸螯合钼、锌、锰、稀土 13

硝基腐殖酸 150　$HA=150×60\%=90$

　　　　　　　　$N=150×2.5\%=3.75$

氨基酸 39　生物制剂 40　增效剂 12　调理剂 40

配方Ⅲ（本配方适于酸性土壤）

氮、磷、钾三大元素含量为 30%的配方：

$30\%=N13：P_2O_5\,4：K_2O\,13=1：0.31：1$

原料用量与养分含量（千克/吨产品）：

硫酸铵 100　$N=100×21\%=21$

　　　　　　$S=100×24.2\%=24.2$

尿素 224　$N=224×46\%=103.04$

磷酸一铵 30　$P_2O_5=30×51\%=15.30$

　　　　　　　$N=30×11\%=3.3$

过磷酸钙 100　$P_2O_5=100×16\%=16$

　　　　　　　$CaO=100×24\%=24$

$$S=100×13.9\%=13.9$$

钙镁磷肥 50　$P_2O_5=50×18\%=9$

$$CaO=50×45\%=22.50$$

$$MgO=50×12\%=6$$

$$SiO_2=50×20\%=10$$

氯化钾 217　$K_2O=217×60\%=130.2$

$$Cl=217×47.56\%=103.21$$

硼砂 20　$B=20×11\%=2.2$

氨基酸螯合钼、锌、锰、铁、稀土 17

硝基腐殖酸 142　$HA=142×60\%=85.20$

$$N=142×2.5\%=3.55$$

氨基酸 33　生物制剂 25　增效剂 12　调理剂 30

五、花生

1. 花生需肥特点　据研究，每生产 1000 千克花生荚果需吸收氮（N）50～68 千克、磷（P_2O_5）10～13 千克、钾（K_2O）20～38 千克，其吸收比例为 1∶0.19∶0.49。花生对钙、镁吸收量也很大，每生产 1000 千克荚果，吸收钙 25.2 千克、镁 25.3 千克，比磷吸收量还多。钙、镁、钾元素相互拮抗，镁、钾多则钙少，会引起花生缺钙症。花生对氮、磷、钾化肥当季吸收利用率分别为 41.8%～50.4%、15.0%～25.0%、45.0%～

60.0%。可见，对氮肥的吸收利用率与施氮量呈极显著负相关，损失率与施氮量呈极显著正相关。

花生植株体内的氮素来源，在中肥力、沙壤土、不施肥条件下，根瘤菌供氮率为 80.76%；施纯氮 37.5～225 千克/公顷，根瘤菌供氮率为 24.44%～70.54%；肥料供氮率为 6.37%～26.52%，土壤供氮率为 23.09%～49.04%。可见，根瘤菌供氮与施氮量呈极显著负相关，肥料、土壤供氮量与施氮量呈极显著正相关。

结果表明，花生施用 N、P_2O_5、K_2O 的参考比例为 1：1.2～1.5：1.5～2。

花生是豆科植物，花生根瘤菌能固定土壤空气中的游离氮素，以供自身氮素营养。花生吸收营养除根系外，叶片、果针、幼果也具有直接吸收矿质营养的能力。一般每亩生产花生 300 千克条件下，每生产 1000 千克荚果，需要吸收氮（N）45～64 千克、磷（P_2O_5）9～11 千克、钾（K_2O）19～34 千克。此外，还需一定量钙、镁、硫及微量元素。

花生不同生育时期对养分的吸收特点是苗期吸收量较少，花针期逐渐增加，结荚期最多，成熟期又下降。研究结果表明，花生苗期吸氮量占全生育期吸收总量的 4.8%、磷 5.19%、钾 6.73%；花针期吸氮 17%、磷 22.64%、钾 22.25%；结荚期吸氮 48.5%、磷 49.53%、钾 66.35%；成熟期吸氮 29.7%、磷 22.64%、钾 4.67%。

2. 花生施肥技术 在我国，栽培花生的土壤多为山丘沙砾土、平原冲积沙土和南方红黄壤，这些土壤结构不良，应施用有机肥料以活化土壤，改良结构，培肥地力，再结合施用化学肥料以及时补充土壤养分。有机肥料含多种营养元素，又是微量元素的重要来源，肥效持久。有机肥料的作用是化学肥料不能代替的，但是有机肥料所含养分大多是有机态，养分含量低，肥效迟缓，肥料中的养分当季利用率低，在花生生长发育盛期不能及时满足养分需求，而化学肥料具有养分含量高、肥效快等特点，则可弥补有机肥料的不足。为了保证花生优质、高产，提高施肥效益，应以有机肥料和无机肥料配合施用，大量元素与中、微量元素平衡施用。

花生施肥以有机肥料为主、化学肥料为辅，基肥为主、追肥为辅，追肥以苗肥为主、花肥和壮果肥为辅，氮、磷、钾、钙配合施用为基本原则。

(1) 基肥：花生基肥施用量一般应占施肥总量的 70%，以腐熟有机质肥料为主，配合适量复合肥料。亩施有机肥 1500～2000 千克、花生专用肥30～50 千克，结合播前整地，均匀撒施，耙匀后起畦播种。

(2) 追肥：3～5 叶期施用速效性氮肥，对促进分枝、早发壮旺和增加花、荚数等方面有良好的效果，一般每亩施专用肥 4～6 千克、尿素 5～6 千克或人畜粪水 1500～2000 千克。始花后对养分吸收激增，但根瘤菌也并始源源不断供应花生氮素营养，如追施氮肥过量，易引起后期茎叶徒长和倒苗，因此开花以后一般不追施氮肥，主要是抓住花生始花期结合最后一次中耕除草施用复合肥和钙肥，一般每亩施用花生专用肥 10 千克、石灰 10～20 千克。果荚充实期对磷的需要量增加，可采取根外喷磷的方法，用农海牌氨基酸叶面肥和 0.3% 磷酸二氢钾喷雾，7～10 天喷一次，连续喷 2～3 次。

（3）根外追肥：花生叶片吸磷能力较强，且能很快运转到荚果内，促进荚果充实饱满。因此，在生育中后期叶面喷施农海牌氨基酸叶面肥（与以下肥液混合）：2%～3% 过磷酸钙水溶液，每隔 7～10 天喷一次，连喷 2～3 次；如果长势偏弱，还可添加尿素 2.25～3 千克/亩，混合喷施；叶面喷施钾、钼、硼、铁等肥，均有一定的增产效果。钾肥可采用 5%～10% 草木灰浸出液或 2% 硫酸钾、氯化钾水溶液，每次每亩喷肥液 60 千克。结荚期可用 0.2%～0.4% 磷酸二氢钾喷施，最好连喷 3 次，每次间隔 7 天。

3. 花生专用肥料配方

氮、磷、钾三大元素含量为 35% 的配方：

$$35\% = N\ 7.78 : P_2O_5\ 11.67 : K_2O\ 15.56$$
$$= 1 : 1.5 : 2$$

原料用量与养分含量（千克/吨产品）：

硫酸铵 100　　N＝100×21％＝21

　　　　　　　S＝100×24.2％＝24.2

尿素 94　N＝94×46％＝43.24

磷酸一铵 123　P$_2$O$_5$＝123×51％＝62.73

　　　　　　　N＝123×11％＝13.53

钙镁磷肥 300　P$_2$O$_5$＝300×18％＝54

　　　　　　　CaO＝300×45％＝135

　　　　　　　MgO＝300×12％＝36

　　　　　　　SiO$_2$＝300×20％＝60

氯化钾 259　K$_2$O＝259×60％＝155.4

　　　　　　　Cl＝259×47.56％＝123.18

硼砂 15　B＝15×11％＝1.65

氨基酸螯合锌、铁、钼、锰 15　氨基酸 44

生物制剂 20　增效剂 10　调理剂 20

六、番茄

1. 番茄需肥特点　番茄是连续开花结果的蔬菜，生长期长，产量高，需肥量大，每生产1 000千克商品番茄需吸收氮（N）3.86～7.8千克、磷（P$_2$O$_5$）1.15～1.3千克、钾（K$_2$O）4.44～15.9千克、钙（CaO）1.6～2.1千克、镁（MgO）0.3～0.6千克，对氮、磷、钾、钙、镁5种营养元素的吸收比例约为1∶0.26∶1.8∶0.74∶0.18。番茄是喜钾作物，应重视钾元素供给。

2. 番茄施肥技术

（1）定植前重施基肥　要获得亩产4 000～7 000千克的产量，应施有机肥4 000～7 000千克和番茄专用基肥80～120千克。

（2）定植后追肥　催苗肥（亩用量，下同）定植后10～15天冲施番茄专用肥5～10千克或硫酸铵20千克（或尿素10千克）；催果肥在第一穗果开始膨大时冲施番茄专用冲施肥10～15千克或硫酸铵25～35千克（或尿素10～15千克），加硫酸钾10千克，每10～15天冲施1次；盛果肥每10～15天冲施1次番茄专用冲施肥15～20千克或硫酸铵25～30千克（或尿素10～15千克），加硫酸钾10千克，每次冲施后8～10天加喷施农海牌氨基酸叶面肥效果更好；盛果中后期追肥每10～15天冲施番茄专用冲施肥10～20千克或硫酸铵20～30千克（或尿素10～12千克），加硫酸钾10千克。番茄生育期结合喷施农海牌氨基酸叶面肥，可延长采果期，增加产量，提高品质。也可根据需要，喷施其他营养元素。

3. 番茄专用肥料配方

（1）番茄专用基肥

配方 I

氮、磷、钾三大元素含量为42%的配方：

$42\% = N11 : P_2O_5 8 : K_2O 23 = 1 : 0.73 : 2$

原料及养分含量（千克/吨产品）：

尿素 120　　N＝120×46％＝55.20

硫酸铵 100　　N＝100×21％＝21

　　　　　　　S＝100×24.2％＝24.2

磷酸二铵 178　　P_2O_5＝178×45％＝80.1

　　　　　　　　N＝178×17％＝30.26

氯化钾 368　　K_2O＝368×60％＝220.8

　　　　　　　Cl＝368×47.56％＝175.02

七水硫酸锌 20　　Zn＝20×23％＝4.6

　　　　　　　　S＝20×11％＝2.2

五水硫酸铜 20　　Cu＝20×25％＝5

　　　　　　　　S＝20×12.8％＝2.56

氨基酸硼 10　　B＝10×10％＝1

硝基腐植酸铵 100　　HA＝100×60％＝60

　　　　　　　　　　N＝100×2.5％＝2.5

生物制剂 22　增效剂 12　调理剂 50

配方Ⅱ

氮、磷、钾三大元素含量为 35％的配方：

35％＝N14∶P_2O_5 8∶K_2O 13

　　 ＝1∶0.57∶0.93

原料及养分含量（千克/吨产品）：

硫酸铵 150　　N＝150×21％＝31.5

　　　　　　　S＝150×24.2％＝36.3

尿素 160　　N＝160×46％＝73.6

磷酸二铵 178　　P_2O_5＝178×45％＝80.1

　　　　　　　　N＝178×17％＝30.26

氯化钾 217　$K_2O=217×60\%=130.2$

$Cl=217×47.56\%=103.21$

七水硫酸锌 20　$Zn=20×23\%=4.6$

$S=20×11\%=2.2$

五水硫酸铜 20　$Cu=20×25\%=5$

$S=20×12.8\%=2.56$

氨基酸硼 8　$B=8×10\%=0.8$

氨基酸 68

硝基腐植酸铵 100　$HA=100×60\%=60$

$N=100×2.5\%=2.5$

生物制剂 25　增效剂 10　调理剂 44

配方Ⅲ

氮、磷、钾三大元素含量为 30% 的配方：

$30\%=N8：P_2O_5 6：K_2O 16=1：0.75：2$

原料及养分含量（千克/吨产品）：

氯化铵 30　$N=30×25\%=7.5$

$Cl=30×66\%=19.8$

硫酸铵 100　$N=100×21\%=21$

$S=100×24.2\%=24.2$

尿素 120　$N=120×46\%=55.2$

过磷酸钙 372　$P_2O_5=372×16\%=59.52$

$CaO=372×24\%=89.28$

$S=372×13.9\%=51.71$

钙镁磷肥 23　$P_2O_5=23×18\%=4.14$

$CaO=23×45\%=10.35$

$$MgO = 23 \times 12\% = 2.76$$

$$SiO_2 = 23 \times 20\% = 4.6$$

氯化钾 268　$K_2O = 268 \times 60\% = 160.8$

　　　　　　$Cl = 268 \times 47.56\% = 127.46$

氨基酸锌 5　$Zn = 5 \times 10\% = 0.5$

氨基酸铜 5　$Cu = 5 \times 10\% = 0.5$

氨基酸硼 8　$B = 8 \times 10\% = 0.8$

生物制剂 20　增效剂 10　调理剂 39

(2) 番茄专用冲施肥配方

原料及养分含量（千克/吨产品）：

硫酸铵 200　$N = 200 \times 21\% = 42$

　　　　　　$S = 200 \times 24.2\% = 48.4$

尿素 100　$N = 100 \times 46\% = 46$

磷酸二铵 60　$P_2O_5 = 60 \times 45\% = 27$

　　　　　　　$N = 60 \times 17\% = 10.2$

氨化过磷酸钙 100　$P_2O_5 = 100 \times 16\% = 16$

　　　　　　　　　$CaO = 100 \times 24\% = 24$

　　　　　　　　　$S = 100 \times 13.9\% = 13.9$

　　　　　　　　　$N = 100 \times 3.5\% = 3.5$

氯化钾 150　$K_2O = 150 \times 60\% = 90$

　　　　　　$Cl = 150 \times 47.56\% = 71.34$

黄腐酸钾 60　$FA = 60 \times 70\% = 42$

　　　　　　　$K_2O = 60 \times 10\% = 6$

氨基酸螯合锌、锰、铜、铁 20

七水硫酸镁 120　$MgO = 120 \times 16.35\% = 19.62$

$$S＝120×13\%＝15.6$$

氨基酸硼 8　B＝8×10%＝0.8

生物制剂 25　麦饭石粉 40　氨基酸 60　增效剂 10　调理剂 47

七、茄子

1. 茄子需肥特点　茄子是喜肥作物，也是喜钾作物，生育期长，需肥量大，从定植开始到收获逐渐增加，盛果期至末果期养分吸收量约占全生育期 90%以上，其中盛果期占 2/3。每生产 1 000 千克商品茄子，需吸收 N2.62～3.3 千克、P_2O_5 0.63～1 千克、K_2O 4.7～5.6 千克、钙 1.2 千克、镁 0.5 千克，其吸收比例为 1：0.27：1.42：0.39：0.16。对主要养分的吸收顺序是钾＞氮＞钙＞磷＞镁。茄子喜中性至微酸性肥料，应重施基肥，适时追肥，喷施叶面肥。注意在生育后期不能追施含磷肥料，以保持茄子的食用品质。

2. 茄子施肥技术

（1）苗期施肥　一般每 10 米² 苗床施专用有机肥 100～200 千克（专用肥中含过磷酸钙 0.3%，硫酸钾 0.3%）。苗期喷农海牌氨基酸叶面肥 1 次。

（2）基肥　定植前重施基肥，一般每亩施有机肥 8 000～10 000 千克和专用肥 60～100 千克。

（3）追肥　茄子生长期长，根据产量要求和基肥用量及土壤肥力状况，共需追肥 10 次以上。

追施"门茄"肥：结合浇水冲施专用肥 20～30千克；

追施"对茄"肥：结合浇水冲施专用肥 20～35千克；

追施"四母斗茄"肥：结合浇水每 6～10 天追肥 1 次，每亩每次冲施专用肥 25～35 千克；

追施"八面风"肥：每 10～13 天追肥 1 次，每亩每次冲施专用肥 25～35 千克；

追施"满天星"肥：为延长结果期，每 10～13天追肥 1 次，每亩每次冲施有机质含量高的专用肥。

（4）根外追肥　冲施结合根外追肥效果更好。在盛果期可喷施农海牌氨基酸叶面肥，每 7～8 天 1次。也可根据需要喷施其他营养元素。

3. 茄子专用肥料配方

（1）茄子专用基肥配方

氮、磷、钾三大元素含量为 35% 的配方：

$35\% = N\ 11.5 : P_2O_5\ 7.3 : K_2O\ 16.2$

$\qquad = 1 : 0.6 : 1.4$

主要原料用量及养分含量（千克/吨产品）：

硫酸铵 100　$N = 100 \times 21\% = 21$

$\qquad\qquad\quad S = 100 \times 24.2\% = 24.2$

尿素 150　$N = 150 \times 46\% = 69$

磷酸二铵 112　$P_2O_5 = 112 \times 45\% = 50.4$

　　　　　　$N = 112 \times 17\% = 19.04$

过磷酸钙 150　$P_2O_5 = 150 \times 16\% = 24$

　　　　　　$CaO = 150 \times 24\% = 36$

　　　　　　$S = 150 \times 13.9\% = 20.85$

钙镁磷肥 20　$P_2O_5 = 20 \times 18\% = 3.6$

　　　　　　$CaO = 20 \times 45\% = 9$

　　　　　　$MgO = 20 \times 12\% = 2.4$

　　　　　　$SiO_2 = 20 \times 20\% = 4$

氯化钾 270　$K_2O = 270 \times 60\% = 162$

　　　　　　$Cl = 270 \times 47.56\% = 128.41$

氨基酸螯合锌、锰、铜、铁 20

氨基酸硼 5　$B = 5 \times 10\% = 0.5$

硝基腐植酸铵 100　$HA = 100 \times 60\% = 60$

　　　　　　　　$N = 100 \times 2.5\% = 2.5$

生物制剂 20　增效剂 10　调理剂 43

氮、磷、钾三大元素含量为 30% 的配方：

$30\% = N\ 12 : P_2O_5\ 5.5 : K_2O\ 13$

　　　　$= 1 : 0.46 : 1.1$

所用原料参照氮、磷、钾三大元素含量为 35% 的配方。

氮、磷、钾三大元素含量为 25% 的配方：

$25\% = N\ 8 : P_2O_5\ 2.5 : K_2O\ 14.5$

　　　　$= 1 : 0.31 : 1.8$

所用原料参照氮、磷、钾三大元素含量为

35％的配方。

(2) 茄子专用冲施肥配方

原料及养分含量（千克/吨产品）：

硫酸铵 150　　N＝150×21％＝31.5

　　　　　　　S＝150×24.2％＝36.3

尿素 150　　N＝150×46％＝69

磷酸一铵 60　　P_2O_5＝60×51％＝30.6

　　　　　　　N＝60×11％＝6.6

氨化过磷酸钙 100　　P_2O_5＝100×16％＝16

　　　　　　　　　　CaO＝100×24％＝24

　　　　　　　　　　S＝100×13.9％＝13.9

　　　　　　　　　　N＝100×3.5％＝3.5

氯化钾 200　　K_2O＝200×60％＝120

　　　　　　　Cl＝200×47.56％＝95.12

七水硫酸镁 120　　MgO＝120×16.35％
＝19.62

　　　　　　　　　　S＝120×13％＝15.6

硝基腐植酸铵 100　　HA＝100×60％＝60

　　　　　　　　　　N＝100×2.5％＝2.5

氨基酸螯合中、微元素 30　生物制剂 30　增
效剂 10　调理剂 50

八、辣（甜）椒

1. 辣（甜）椒需肥特点　辣（甜）椒需肥量

较多，属喜钾作物，耐肥能力强，喜 pH 5.6～6.8 弱酸性肥料。幼苗期吸收养分量较少，结果期吸收养分较多，一般每生产 1 000 千克果实需吸收氮（N）3～5.2 千克、磷（P_2O_5）0.6～1.1 千克、钾（k_2O）5～6.5 千克、钙（CaO）1.5～2 千克、镁（MgO）0.5～0.7 千克，吸收比例为 1：0.21：1.4：0.43：0.15。盛果期吸收最多，如钾素不足，容易引起落叶，缺镁会引起叶脉间叶肉黄化。

2. 辣（甜）椒施肥技术

（1）苗肥　每 10 米² 苗床施入含过磷酸钙的有机专用肥 150～200 千克，定植前 15～20 天冲施专用冲施肥 1 千克左右。

（2）基肥　施足底肥，一般每亩施有机肥 5 000～6 000 千克和专用肥 50 千克。

（3）追肥　定植后 15 天追促苗肥 1 次，每亩冲施专用冲施肥 10～15 千克（或硫酸铵 20～25 千克）。蹲苗结束后，果实长到核桃大小时每亩冲施专用冲施肥 15～20 千克（或硫酸铵 25～30 千克、硫酸钾 15 千克）。进入盛果期，每 10 天每亩冲施专用冲施肥 20～25 千克（或硫酸铵 25～30 千克、硫酸钾 15 千克）。

（4）根外追肥　冲施肥结合根外追肥效果更好。开花结果期每隔 7 天喷施 1 次农海牌氨基酸叶面肥，可提高产量和果实品质。也可根据需要喷无机营养元素。

3. 辣（甜）椒专用肥料配方

(1) 辣（甜）椒专用基肥配方

配方 I

氮、磷、钾三大元素含量为 40％的配方：

$40％＝N\ 11：P_2O_5\ 11：K_2O\ 18＝1：1：1.8$

主要原料用量及养分含量（千克/吨产品）：

尿素 100　　$N＝100×46％＝46$

硫酸铵 100　　$N＝100×21％＝21$

　　　　　　　$S＝100×24.2％＝24.2$

磷酸一铵 226　　$P_2O_5＝226×51％＝115.26$

　　　　　　　　$N＝226×11％＝24.86$

氯化钾 300　　$K_2O＝300×60％＝180$

　　　　　　　$Cl＝300×47.56％＝142.68$

过磷酸钙 100　　$P_2O_5＝100×16％＝16$

　　　　　　　　$CaO＝100×24％＝24$

　　　　　　　　$S＝100×13.9％＝13.9$

钙镁磷肥 10　　$P_2O_5＝10×18％＝1.8$

　　　　　　　$CaO＝10×45％＝4.5$

　　　　　　　$MgO＝10×12％＝1.2$

硝基腐植酸铵 90　　$HA＝90×60％＝54$

　　　　　　　　　$N＝90×2.5％＝2.25$

生物制剂 25　增效剂 12　调理剂 37

配方 II

氮、磷、钾三大元素含量为 30％的配方：

$30％＝N\ 11：P_2O_5\ 7：K_2O\ 12＝1：0.6：1.1$

原料及养分含量（千克/吨产品）：

硫酸铵 100　　N＝100×21％＝21

　　　　　　　　S＝100×24.2％＝24.2

氯化铵 20　　N＝20×25％＝5

　　　　　　　Cl＝20×66％＝13.2

尿素 150　　N＝150×46％＝69

磷酸二铵 68　　P_2O_5＝68×45％＝30.60

　　　　　　　　N＝68×17％＝11.56

过磷酸钙 250　　P_2O_5＝250×16％＝40

　　　　　　　　CaO＝250×24％＝60

　　　　　　　　S＝250×13.9％＝34.75

钙镁磷肥 20　　P_2O_5＝20×18％＝3.6

　　　　　　　CaO＝20×45％＝9

　　　　　　　MgO＝20×12％＝2.4

　　　　　　　SiO_2＝20×20％＝4

氯化钾 200　　K_2O＝200×60％＝120

　　　　　　　Cl＝200×47.56％＝95.12

硝基腐植酸铵 100　　HA＝100×60％＝60

　　　　　　　　　　N＝100×2.5％＝2.5

氨基酸螯合中、微量元素 30

生物制剂 20　增效剂 12　调理剂 30

配方Ⅲ

氮、磷、钾三大元素含量为 25％ 的配方：

25％＝N 6：P_2O_5 6：K_2O 13＝1：0.6：2.17

原料及养分含量（千克/吨产品）：

硫酸铵 100　　$N=100 \times 21\% = 21$

　　　　　　　$S=100 \times 24.2\% = 24.2$

氯化铵 150　　$N=150 \times 25\% = 37.5$

　　　　　　　$Cl=150 \times 66\% = 99$

磷酸一铵 40　　$P_2O_5 = 40 \times 51\% = 20.4$

　　　　　　　$N=40 \times 11\% = 4.4$

过磷酸钙 260　　$P_2O_5 = 260 \times 16\% = 41.6$

　　　　　　　$CaO = 260 \times 24\% = 62.4$

　　　　　　　$S = 260 \times 13.9\% = 36.14$

钙镁磷肥 20　　$P_2O_5 = 20 \times 18\% = 3.6$

　　　　　　　$CaO = 20 \times 45\% = 9$

　　　　　　　$MgO = 20 \times 12\% = 2.4$

　　　　　　　$SiO_2 = 20 \times 20\% = 4$

氯化钾 220　　$K_2O = 220 \times 60\% = 132$

　　　　　　　$Cl = 220 \times 47.56\% = 104.6$

硝基腐植酸铵 100　　$HA = 100 \times 60\% = 60$

　　　　　　　　　　$N = 100 \times 2.5\% = 2.5$

氨基酸螯合中、微量元素 30 生物制剂 20　增效剂 10　调理剂 50

（2）辣（甜）椒专用冲施肥配方

原料及养分含量（千克/吨产品）：

硫酸铵 200　　$N = 200 \times 21\% = 42$

　　　　　　　$S = 200 \times 24.2\% = 48.4$

尿素 257　　$N = 257 \times 46\% = 118.22$

氯化钾 200　　$K_2O = 200 \times 60\% = 120$

$$Cl=200×47.56\%=95.12$$

过磷酸钙 150　$P_2O_5=150×16\%=24$

$$CaO=150×24\%=36$$

$$S=150×13.9\%=20.85$$

碳酸氢铵 15　$N=15×17\%=2.55$

黄腐酸钾 90　$FA=90×70\%=63$

$$K_2O=90×10\%=9$$

氨基酸螯合锌、锰、铜、铁 20

氨基酸硼 5　$B=5×10\%=0.5$

生物制剂 23　增效剂 15　调理剂 25

九、黄瓜

1. 黄瓜需肥特点　黄瓜是多次采收的蔬菜，产量高，需肥量大，喜肥而不耐肥。每生产 1 000 千克黄瓜约需氮（N）2.7～3.2 千克、磷（P_2O_5）1.2～1.8 千克、钾（K_2O）3.3～4.4 千克、钙（CaO）2.1～2.2 千克、镁（MgO）0.6～0.8 千克，N：P_2O_5：K_2O 约为 1：0.5：1.4。黄瓜需养分量顺序是钾＞氮＞钙＞磷＞镁。

黄瓜各生育期对 N、P_2O_5、K_2O 的吸收比例，苗期 1：0.22：1.22，盛瓜初期 1：0.4：1.48，盛瓜后期 1：0.4：1。

2. 黄瓜施肥技术

（1）基肥　每亩施有机肥 5 000～10 000 千克

和黄瓜专用基肥 80～120 千克（表 10-1）。

表 10-1 黄瓜基肥亩用量参考值

单位：千克

土地肥力等级		低肥力	中肥力	高肥力
目标产量		2 500～3 500	3 600～4 500	4 600～5 600
有机肥	农家肥	6 000～10 000	5 000～8 000	4 000～6 000
氮肥	尿素	5～6	4～6	4～5
	（或硫酸铵）	12～15	9～13	9～12
磷肥	磷酸二铵	17～23	13～18	11～14
钾肥	硫酸钾	4～5	3～5	3～4
	（或氯化钾）	3	3	2～3
番茄专用肥（可代替化肥）		90～120	80～110	60～100

（2）追肥 追肥时应注意养分平衡，氮肥不可过量，否则会影响产量和品质。共追肥 8～10 次。冲施结合根外追肥效果更好，喷施农海牌氨基酸叶面肥每 7～10 天喷一次。

①结瓜肥：高肥力菜田亩产量 1 万～1.5 万千克，总追肥量为专用冲施肥 120～150 千克（或尿素 100～120 千克、硫酸钾 50 千克）。11 月至次年 2 月，每 10～20 天追肥 1 次，每次冲施专用肥 10～12 千克（或尿素 5～10 千克、硫酸钾 3～5 千克）。3～5 月，每 10～15 天追肥 1 次，每次冲施专用肥 10～15 千克（或尿素 7～10 千克、硫酸钾 4～6 千克）。

中等肥力菜田亩产量 5 000～8 000 千克，总追肥量为专用冲施肥 130～160 千克（或尿素 70～90 千克、硫酸钾 70～90 千克）。11 月至次年 2 月，每 10～20 天追肥 1 次，每次冲施专用肥 6～10 千克（或尿素 4～6 千克、硫酸钾 3～6 千克）。3～5 月，每 10～15 天追肥 1 次，每次冲施专用肥 8～13 千克（或尿素 5～10 千克、硫酸钾 4～8 千克）。

低等肥力菜田亩产量 4 000～5 000 千克，总追肥量为专用冲施肥 100～150 千克（或尿素 50～70 千克、硫酸钾 30～60 千克）。11 月至次年 2 月，每 10～20 天追肥 1 次，每次冲施专用肥 5～8 千克（或尿素 4～6 千克、硫酸钾 3～6 千克）。3～5 月，每 10～15 天追肥 1 次，每次冲施专用肥 8～10 千克（或尿素 5～7 千克、硫酸钾 3～7 千克）。

②结瓜盛期后追肥：每 10～15 天追肥 1 次，每次冲施专用肥 6～10 千克。冲施专用肥比追施尿素和硫酸钾增产效果好；冲施专用肥结合喷施农海牌氨基酸叶面肥每 7～8 天 1 次，增产效果更为显著。

3. 黄瓜专用肥料配方

（1）黄瓜专用基肥配方

配方 I

氮、磷、钾三大元素含量为 30% 的配方：

$30\% = N8.1 : P_2O_5 \ 7.9 : K_2O \ 14$

$\quad\quad = 1 : 0.981.97$

原料及养分含量（千克/吨产品）：

硫酸铵 100 $N=100×21\%=21$

　　　　　　 $S=100×24.2\%=24.2$

尿素 90 $N=90×46\%=41.4$

氯化铵 140 $N=140×25\%=35$

　　　　　　 $Cl=140×66\%=92.4$

磷酸二铵 68 $P_2O_5=68×45\%=30.6$

　　　　　　 $N=68×17\%=11.56$

过磷酸钙 100 $P_2O_5=100×16=16$

　　　　　　 $Ca=100×24\%=24$

　　　　　　 $S=100×13.9\%=13.9$

钙镁磷肥 10 $P_2O_5=10×18\%=1.8$

　　　　　　 $CaO=10×45\%=4.5$

　　　　　　 $MgO=10×12\%=1.2$

　　　　　　 $SiO_2=10×20\%=2$

氯化钾 234 $K_2O=234×60\%=140.4$

　　　　　　 $Cl=234×47.56\%=111.29$

氨基酸硼 10 $B=10×10\%=1$

氨基酸螯合锌、铜 10

硝基腐植酸铵 130 $HA=130×60\%=78$

　　　　　　　　 $N=130×2.5\%=3.25$

生物制剂 26   麦饭石粉 30   增效剂 12   调理剂 40

氮、磷、钾三大元素含量为 35% 的配方：

$35\%=N\ 12：P_2O_5\ 6：K_2O\ 17=1：0.5：1.4$

所用原料参照氮、磷、钾三大元素含量为32%的配方。

氮、磷、钾三大元素含量为25%的配方：

$25\% = N\ 11 : P_2O_5\ 5 : K_2O\ 9$

$\qquad = 1 : 0.4 : 0.82$

所用原料参照氮、磷、钾三大元素含量为32%的配方。

配方Ⅱ

氮、磷、钾三大元素含量为30%的配方：

$30\% = N\ 11.3 : P_2O_5\ 6.29 : K_2O\ 12.6$

$\qquad = 1 : 0.56 : 1.12$

原料及养分含量（千克/吨产品）：

硫酸铵100　　$N = 100 \times 21\% = 21$

$\qquad\qquad S = 100 \times 24.2\% = 24.2$

氯化铵50　　$N = 50 \times 25\% = 12.5$

$\qquad\qquad Cl = 50 \times 66\% = 33$

尿素130　　$N = 130 \times 46\% = 59.8$

磷酸二铵80　　$P_2O_5 = 80 \times 45\% = 36$

$\qquad\qquad N = 80 \times 17\% = 13.6$

过磷酸钙160　　$P_2O_5 = 160 \times 16\% = 25.6$

$\qquad\qquad CaO = 160 \times 24\% = 38.4$

$\qquad\qquad S = 160 \times 13.9\% = 22.24$

钙镁磷肥25　　$P_2O_5 = 25 \times 18\% = 4.5$

$\qquad\qquad CaO = 25 \times 45\% = 11.25$

$\qquad\qquad MgO = 25 \times 12\% = 3$

$$SiO_2=25×20\%=5$$

氯化钾 210　$K_2O=210×60\%=126$

$$Cl=210×47.56\%=99.88$$

氨基酸锌·铜 15

氨基酸硼 10　$B=10×10\%=1$

硝基腐植酸 100　$HA=100×60\%=60$

$$N=100×2.5\%=2.5$$

氨基酸 30　麦饭石粉 20　生物制剂 20　增效剂 12　调理剂 38

氮、磷、钾三大元素含量为 25% 的配方：

$$25\%=N\ 8.6：P_2O_5\ 5.2：K_2O\ 11.2$$

$$=1：0.6：1.3$$

所用原料参照氮、磷、钾三大元素含量为 30% 的配方。

氮、磷、钾三大元素含量为 35% 的配方：

$$35\%=N\ 12：P_2O_5\ 6：K_2O\ 17=1：0.5：1.4$$

所用原料参照氮、磷、钾三大元素含量为 30% 的配方。

配方Ⅲ

氮、磷、钾三大元素含量为 30% 的配方：

$$30\%=N10：P_2O_5\ 6.2：K_2O\ 13.8$$

$$=1：0.62：1.38$$

原料及养分含量（千克/吨产品）：

硫酸铵 100　$N=100×21\%=21$

$$S=100×24.2\%=24.2$$

尿素 140　N=140×46%=64.4

过磷酸钙 150　$P_2O_5=150×16\%=24$

　　　　　　　$CaO=150×24\%=36$

　　　　　　　$S=150×13.9\%=20.85$

钙镁磷肥 20　$P_2O_5=20×18\%=3.6$

　　　　　　　$CaO=20×45\%=9$

　　　　　　　$MgO=20×12\%=2.4$

　　　　　　　$SiO_2=20×20\%=4$

磷酸二铵 82　$P_2O_5=82×45\%=36.9$

　　　　　　　$N=82×17\%=13.94$

氯化钾 230　$K_2O=230×60\%=138$

　　　　　　$Cl=230×47.56\%=109.39$

氨基酸螯合铁、铜 10

氨基酸硼 10　$B=10×10\%=1$

硝基腐植酸 100　$HA=100×60\%=60$

　　　　　　　　$N=100×2.5\%=2.5$

氨基酸螯合中量元素 40　麦饭石粉 30　生物制剂 25　增效剂 12　促根剂 3　调理剂 48

氮、磷、钾三大元素含量为 25% 的配方：

25%＝N 10：P_2O_5 5：K_2O 10＝1：0.5：1

所用原料参照氮、磷、钾三大元素含量为30%的配方。

氮、磷、钾三大元素含量为 35% 的配方：

35%＝N 13：P_2O_5 7.0：K_2O 15

　　　＝1：0.5：1.2

所用原料参照氮、磷、钾三大元素含量为30％的配方。

（2）黄瓜专用冲施肥配方

原料及养分含量（千克/吨产品）：

硫酸铵 200　N＝200×21％＝42

　　　　　　S＝200×24.2％＝48.4

尿素 200　N＝200×46％＝92

过磷酸钙 100　P_2O_5＝100×16％＝16

　　　　　　CaO＝100×24％＝24

　　　　　　S＝100×13.9％＝13.9

氯化钾 150　K_2O＝150×60％＝90

　　　　　　Cl＝150×47.56％＝71.34

黄腐酸钾 100　FA＝100×70％＝70

　　　　　　K_2O＝100×10％＝10

氨基酸螯合锌、铜、铁、镁 25

七水硫酸镁 100　MgO＝100×16.35％＝16.35

　　　　　　S＝100×13％＝13

氨基酸硼 10　B＝10×10％＝1

氨基酸 40　生物制剂 25　增效剂 10　调理剂 40

本配方产品每亩每次用量为15～20千克。对适量水，搅拌溶化后，随水冲施。

十、大白菜

1. 大白菜需肥特点 大白菜产量高，需肥多，一般亩产量 10 000 千克。每生产 1 000 千克大白菜需氮（N）1.82～2.6 千克、磷（P_2O_5）0.9～1.1 千克、钾（K_2O）3.2～3.7 千克、钙（CaO）1.61 千克、镁（MgO）0.21 千克，吸肥比例为 1∶0.45∶1.57∶0.7∶0.1。苗期养分吸收量较少；进入莲座期生长加快，养分吸收也较快；结球期是生长最快、养分吸收最多的时期。

2. 大白菜施肥技术

（1）基肥 重施基肥，每亩施优质有机肥 2 500～4 000 千克和大白菜专用基肥 50～80 千克。

（2）追肥 冲施肥结合根外追肥，每 7～8 天喷施 1 次农海牌氨基酸叶面肥。

（3）苗期 每亩冲施大白菜专用冲施肥 10 千克。

（4）莲座期 每亩冲施大白菜专用冲施肥 10～15 千克。

（5）结球始期 每亩冲施大白菜专用冲施肥 15～20 千克。

（6）结球中期 每亩冲施大白菜专用冲施肥 10 千克。若发现因缺钙造成干烧心，可喷施 0.2% 硝酸钙，并加少量维生素 B_6 加以矫正。

应注意不可过量施用氮肥，以免影响贮藏。

3. 大白菜专用肥料配方

(1) 大白菜专用基肥

配方 I

氮、磷、钾三大元素含量为 30% 的配方：

$30\% = N 10 : P_2O_5 \ 6.55 : K_2O \ 13.8$

$\quad = 1 : 0.66 : 1.38$

原料用量与养分含量（千克/吨产品）：

尿素 150　　$N = 150 \times 46\% = 69$

硫酸铵 100　　$N = 100 \times 21\% = 21$

　　　　　　$S = 100 \times 24.2\% = 24.2$

磷酸一铵 100　　$P_2O_5 = 100 \times 51\% = 51$

　　　　　　　$N = 100 \times 11\% = 11$

氯化钾 230　　$K_2O = 230 \times 60\% = 138$

　　　　　　$Cl = 230 \times 47.56\% = 109.39$

过磷酸钙 100　　$P_2O_5 = 100 \times 16\% = 16$

　　　　　　　$CaO = 100 \times 24\% = 24$

　　　　　　　$S = 100 \times 13.9\% = 13.9$

钙镁磷肥 10　　$P_2O_5 = 10 \times 18\% = 1.8$

　　　　　　$CaO = 10 \times 45\% = 4.5$

　　　　　　$MgO = 10 \times 12\% = 1.2$

　　　　　　$SiO_2 = 10 \times 20\% = 2$

硝基腐植酸铵 200　　$HA = 200 \times 60\% = 120$

　　　　　　　　$N = 200 \times 2.5\% = 5$

氨基酸硼 5　　$B = 5 \times 10\% = 0.5$

氨基酸螯合锌 5　Zn＝5×10％＝0.5

生物制剂 25　氨基酸螯合钙、镁 35　增效剂 10　调理剂 30

配方Ⅱ

氮、磷、钾三大元素含量为 25％的配方：

$25\% = N9 : P_2O_5\ 6.8 : K_2O\ 9.48$

$\qquad = 1 : 0.76 : 1.05$

原料用量与养分含量（千克/吨产品）：

硫酸铵 100　$N＝100×21\%＝21$

$\qquad S＝100×24.2\%＝24.2$

氯化铵 100　$N＝100×25\%＝25$

$\qquad Cl＝100×66\%＝66$

尿素 80　$N＝80×46\%＝36.8$

磷酸二铵 50　$P_2O_5＝50×45\%＝22.5$

$\qquad N＝50×17\%＝8.5$

过磷酸钙 300　$P_2O_5＝300×16\%＝48$

$\qquad CaO＝300×24\%＝72$

$\qquad S＝300×13.9\%＝41.7$

钙镁磷肥 20　$P_2O_5＝20×18\%＝3.6$

$\qquad CaO＝20×45\%＝9$

$\qquad MgO＝20×12\%＝2.4$

$\qquad SiO_2＝20×20\%＝4$

氯化钾 158　$K_2O＝158×60\%＝94.8$

$\qquad Cl＝158×47.56\%＝75.14$

氨基酸螯合锌 5　$Zn＝5×10\%＝0.5$

氨基酸硼 8　B$=8×10\%=0.8$

硝基腐植酸铵 100　HA$=100×60\%=60$

$N=100×2.5\%=2.5$

生物制剂 20　氨基酸螯合钙 20　增效剂 12

调理剂 27

配方Ⅲ

氮、磷、钾三大元素含量为 23% 的配方：

$23\%=N12：P_2O_5\ 5：K_2O\ 6=1：0.42：0.5$

原料用量与养分含量（千克/吨产品）：

硫酸铵 200　$N=200×21\%=42$

$S=200×24.2\%=48.4$

氯化铵 50　$N=50×25\%=12.5$

$Cl=50×66\%=33$

尿素 150　$N=150×46\%=69$

磷酸一铵 50　$P_2O_5=50×51\%=25.5$

$N=50×11\%=5.5$

过磷酸钙 200　$P_2O_5=200×16\%=32$

$CaO=200×24\%=48$

$S=200×13.9\%=27.8$

钙镁磷肥 20　$P_2O_5=20×18\%=3.6$

$CaO=20×45\%=9$

$MgO=20×12\%=2.4$

$SiO_2=20×20\%=4$

氯化钾 100　$K_2O=100×60\%=60$

$Cl=100×47.56\%=47.56$

氨基酸螯合锌 5　$Zn=5×10\%=0.5$

氨基酸硼 10　$B=10×10\%=1$

硝基腐植酸铵 100　$HA=100×60\%=60$

$N=100×2.5\%=2.5$

生物制剂 20　氨基酸螯合钙、镁 43　增效剂

12　调理剂 40

（2）大白菜专用冲施肥配方

原料用量与养分含量（千克/吨 产品）：

硫酸铵 100　$N=200×21\%=42$

$S=200×24.2\%=48.4$

氯化铵 150　$N=150×25\%=37.5$

$Cl=150×66\%=99$

尿素 100　$N=150×46\%=69$

氨化过磷酸钙 200　$P_2O_5=200×16\%=32$

$CaO=200×24\%=48$

$S=200×13.9\%=27.8$

$N=200×3.5\%=7$

氯化钾 100　$K_2O=100×60\%=60$

$Cl=100×47.56\%=47.56$

腐植酸钾 60　$HA=60×60\%=36$

$K_2O=60×10\%=6$

硫酸镁 120　$MgO=120×9.8\%=11.76$

$S=120×13\%=15.6$

氨基酸螯合钙、镁 60

氨基酸硼 8　$B=8×10\%=0.8$

氨基酸螯合铁、锰、锌、铜 20 生物制剂 30
增效剂 20 调理剂 32

十一、萝卜

1. 萝卜需肥特点 萝卜以氮、磷、钾、钙、镁、硫需要量较多，其他营养元素需要量较少。幼苗期和叶部生长盛期需氮多，磷、钾少；当肉质根迅速膨大时，磷、钾需要量剧增，对氮、磷、钾吸收量约占总吸收量的80％，以钾最多，氮次之，磷最少。萝卜对氮敏感，缺氮会降低萝卜产量，生育初期缺氮对产量的不利影响更为明显，生育后期缺氮对产量几乎没有影响，此阶段如氮素过剩，磷、钾不足，容易造成地上部贪青徒长。萝卜是喜钾作物，对产量和品质有重要作用，但钾素过量会抑制钙、镁、硼等元素吸收。萝卜对微量元素硼和钼也非常敏感。

每生产1 000千克商品萝卜需氮（N）4～6千克、磷（P_2O_5）0.5～1.0千克、钾（K_2O）6～8千克、钙（CaO）2.5千克、镁（MgO）0.5千克、硫（S）1.0千克，其吸收比例为1∶0.15∶1.4∶0.5∶0.1∶0.2。

2. 萝卜施肥技术 基肥用量占总施肥量的70％～80％，一般每亩施腐熟有机肥4 000～6 000千克，含氮、磷、钾、钙、镁、硼、锌等营养元素萝卜专用基肥 40~60 千克，基肥要与土壤混合均匀施用，以免主根发生分叉根。

苗期喷施含钼和硼农海牌氨基酸叶面肥 1 次，有壮苗抗逆效果；莲座期以长根为主，随水追施萝卜专用冲施肥 15~20 千克；肉质根迅速膨大期冲施萝卜专用冲施肥 25~30 千克，与腐熟人粪尿或饼肥交替施用，也可喷施含磷酸二氢钾农海牌氨基酸叶面肥，增产效果非常显著。也可根据需要喷施其他营养元素。

3. 萝卜专用肥料配方

（1）萝卜专用基肥配方

配方 I

氮、磷、钾三大元素含量为 40% 的配方：

$$40\% = N\ 16 : P_2O_5\ 10 : K_2O\ 14$$
$$= 1 : 0.63 : 0.88$$

原料用量与养分含量（千克/吨产品）：

硫酸铵 100　　$N = 100 \times 21\% = 21$

　　　　　　　$S = 100 \times 24.2\% = 24.2$

尿素 228　　$N = 228 \times 46\% = 104.88$

磷酸二铵 190　　$P_2O_5 = 190 \times 45\% = 85.5$

　　　　　　　　$N = 190 \times 17\% = 32.3$

过磷酸钙 80　　$P_2O_5 = 80 \times 16\% = 12.8$

　　　　　　　$CaO = 80 \times 24\% = 19.2$

　　　　　　　$S = 80 \times 13.9\% = 11.12$

钙镁磷肥 10　　$P_2O_5 = 10 \times 18\% = 1.8$

$$CaO = 10 \times 45\% = 4.5$$

$$MgO = 10 \times 12\% = 1.2$$

$$SiO_2 = 10 \times 20\% = 2$$

氯化钾 235 $\quad K_2O = 235 \times 60\% = 141$

$$Cl = 235 \times 47.56\% = 111.77$$

氨基酸螯合镁、锰 10

氨基酸硼 10 $\quad B = 10 \times 10\% = 1$

硝基腐植酸铵 100 $\quad HA = 100 \times 60\% = 60$

$$N = 100 \times 2.5\% = 2.5$$

调理剂 37

配方 Ⅱ

氮、磷、钾三大元素含量为 30% 的配方：

$30\% = N11 : P_2O_5 \, 7.5 : K_2O \, 11.5$

$\quad = 1 : 0.68 : 1.05$

原料用量与养分含量（千克/吨产品）：

硫酸铵 100 $\quad N = 100 \times 21\% = 21$

$$S = 100 \times 24.2\% = 24.2$$

尿素 175 $\quad N = 175 \times 46\% = 80.5$

磷酸一铵 88 $\quad P_2O_5 = 88 \times 51\% = 44.88$

$$N = 88 \times 11\% = 9.68$$

过磷酸钙 200 $\quad P_2O_5 = 200 \times 16\% = 32$

$$CaO = 200 \times 24\% = 48$$

$$S = 200 \times 13.9\% = 27.8$$

钙镁磷肥 20 $\quad P_2O_5 = 20 \times 18\% = 3.6$

$$CaO = 20 \times 45\% = 9$$

$$MgO = 20 \times 12\% = 2.4$$

$$SiO_2 = 20 \times 20\% = 4$$

氯化钾 192　$K_2O = 192 \times 60\% = 115.2$

$$Cl = 192 \times 47.56\% = 91.32$$

氨基酸硼 8　$B = 8 \times 10\% = 0.8$

氨基酸螯合锌、钼 11

硝基腐植酸铵铵 120　$HA = 120 \times 60\% = 72$

$$N = 120 \times 2.5\% = 3$$

生物制剂 20　氨基酸 19　增效剂 12　调理剂 35

配方Ⅲ

氮、磷、钾三大元素含量为 25% 的配方：

$25\% = N9 : P_2O_5\ 6 : K_2O\ 10$

$$= 1 : 0.67 : 1.11$$

原料用量与养分含量（千克/吨产品）：

硫酸铵 368　$N = 368 \times 21\% = 77.28$

$$S = 368 \times 24.2\% = 89.06$$

磷酸一铵 122　$P_2O_5 = 122 \times 51\% = 62.22$

$$N = 122 \times 11\% = 13.42$$

氯化钾 168　$K_2O = 168 \times 60\% = 100.8$

$$Cl = 168 \times 47.56\% = 79.9$$

氨基酸硼 10　$B = 10 \times 10\% = 1$

氨基酸锌、钼 6

硝基腐植酸铵 170　$HA = 170 \times 60\% = 102$

$$N = 170 \times 2.5\% = 4.25$$

生物制剂 30　氨基酸螯合中量元素 50　增效剂 11　调理剂 65

（2）萝卜专用冲施肥配方

氮、磷、钾三大元素含量为 30％的配方：

$30\% = N11 : P_2O_5\ 5 : K_2O\ 14$

$\qquad = 1 : 0.45 : 1.27$

原料用量与养分含量（千克/吨产品）：

硫酸铵 200　$N = 200 \times 21\% = 42$

$\qquad\qquad S = 200 \times 24.2\% = 48.4$

尿素 128　$N = 128 \times 46\% = 58.88$

磷酸一铵 100　$P_2O_5 = 100 \times 51\% = 51$

$\qquad\qquad N = 100 \times 11\% = 11$

氯化钾 234　$K_2O = 234 \times 60\% = 140.4$

$\qquad\qquad Cl = 234 \times 47.56\% = 111.29$

四水硝酸钙 80　$N = 80 \times 11.86\% = 9.49$

$\qquad\qquad CaO = 80 \times 23.75\% = 19$

七水硫酸镁 65　$MgO = 65 \times 16.35\% = 10.63$

$\qquad\qquad S = 65 \times 13\% = 8.45$

硝基腐植酸铵 100　$HA = 100 \times 60\% = 60$

$\qquad\qquad N = 100 \times 2.5\% = 2.5$

氨基酸硼 8　$B = 8 \times 10\% = 0.8$

氨基酸螯合锌、锰、钼 11　生物制剂 25　增效剂 10　调理剂 39

十二、西瓜

1. 西瓜需肥特点 西瓜生长期较长，需肥量较大，整个生育期内吸钾最多，氮次之，磷最少。幼苗期吸肥量很少，抽蔓期吸肥量占总吸收量的 14.6%，结瓜期吸肥量占总吸收量的 84.85%。结瓜期钾的吸收量增加，氮的吸收量相对减少。钾既能提高西瓜产量，又能改善西瓜品质、增加甜度，同时还能提高植株抗病毒病、枯萎病、炭疽病能力，钾对叶片氮代谢有较好协调作用。西瓜对硼、锌、锰、钼等微量元素比较敏感，在土壤肥力中等水平时，每生产 1 000 千克西瓜需吸收氮（N）2.9～3.7 千克、磷（P_2O_5）0.8～1.3 千克、钾（K_2O）2.9～3.7 千克，N∶P_2O_5∶K_2O 吸收比例为 1∶0.36∶1.14。全生育期 80～120 天，瓜膨大期为吸收养分高峰期，在施足底肥基础上重追膨瓜肥，补追叶面肥。

2. 西瓜施肥技术 西瓜施肥切记不可过量施用氮肥。

（1）育苗施肥 配制育苗土用壤质田园土 50%、腐熟有机肥 34%、细沙 16%，每立方米育苗土加入尿素 0.5 千克、过磷酸钙 1.5 千克、硫酸钾 0.5 千克，混匀后过筛。

（2）重施基肥 每亩施发酵鸡粪或腐熟有机肥

4 500～6 500 千克和西瓜专用肥 35～50 千克，混匀后施入土壤。

（3）适时追肥 催苗肥在定植后结合浇水进行，每亩冲施西瓜专用肥 10 千克；催蔓肥在西瓜伸蔓后每亩冲施西瓜专用肥 10～15 千克和优质有机肥 500～1 000 千克。

（4）西瓜膨大期追肥 结瓜期是西瓜需肥高峰期，西瓜长至 3～5 厘米大小时，每亩冲施西瓜专用肥 20～25 千克；坐瓜后 15 天左右，长至 15 厘米左右时，每亩每次冲施西瓜专用肥 15～25 千克；西瓜膨大期对磷、钾需求较多，还应叶面喷施含锌、硼、锰、铜、铁、钼、稀土的农海牌氨基酸叶面肥每 7～10 天 1 次。也可根据需要喷施有关营养元素。

3. 西瓜专用肥料配方

配方 I

氮、磷、钾三大元素含量为 30% 的配方：

$30\% = N\ 11 : P_2O_5\ 7 : K_2O\ 12$

$\qquad = 1 : 0.64 : 1.09$

原料用量与养分含量（千克/吨产品）：

硫酸铵 100　　$N = 100 \times 21\% = 21$

$\qquad\qquad\qquad S = 100 \times 24.2\% = 24.2$

尿素 150　　$N = 150 \times 46\% = 69$

氨化过磷酸钙 100　　$P_2O_5 = 100 \times 16\% = 16$

$\qquad\qquad\qquad\qquad CaO = 100 \times 24\% = 24$

$$S=100\times13.9\%=13.9$$

$$N=100\times3.5\%=3.5$$

磷酸一铵 120　$P_2O_5=120\times51\%=61.2$

$$N=120\times11\%=13.2$$

硫酸钾 240　$K_2O=240\times50\%=120$

$$S=240\times18.44\%=44.26$$

七水硫酸镁 43　$MgO=43\times16.35\%=7.03$

$$S=43\times13\%=5.59$$

硝基腐植酸铵 100　$HA=100\times60\%=60$

$$N=100\times2.5\%=2.5$$

氨基酸硼 10　$B=10\times10\%=1$

氨基酸螯合锌、锰、铜、铁 20　生物制剂 30

螯合中量元素 35　增效剂 12　调理剂 40

配方Ⅱ

氮、磷、钾三大元素含量为 26% 的配方：

$$26\%=N\,9:P_2O_5\,6:K_2O\,11$$

$$=1:0.67:1.22$$

原料用量与养分含量（千克/吨产品）：

硫酸铵 100　$N=100\times21\%=21$

$$S=100\times24.2\%=24.2$$

尿素 130　$N=130\times46\%=59.8$

磷酸一铵 73　$P_2O_5=73\times51\%=37.23$

$$N=73\times11\%=8.03$$

过磷酸钙 150　$P_2O_5=150\times16\%=24$

$$CaO=150\times24\%=36$$

$$S=150\times13.9\%=20.85$$

钙镁磷肥15　$P_2O_5=15\times18\%=2.7$

$$CaO=15\times45\%=6.75$$

$$MgO=15\times12\%=1.8$$

$$SiO_2=15\times20\%=3$$

硫酸钾222　$K_2O=222\times50\%=111$

$$S=222\times18.44\%=40.94$$

氨基酸硼10　$B=10\times10\%=1$

氨基酸螯合锌、锰、铜、铁、钼、稀土22

七水硫酸镁35　$MgO=35\times16.35\%=5.72$

$$S=35\times13\%=4.55$$

硝基腐植酸铵110　$HA=110\times60\%=66$

$$N=110\times2.5\%=27.5$$

氨基酸螯合中量元素33　生物制剂35　增效剂10　调理剂55

配方Ⅲ

氮、磷、钾三大元素含量为35%的配方：

$35\%=N\ 13：P_2O_5\ 7：K_2O\ 15$

$\qquad=1：0.54：1.15$

原料用量与养分含量（千克/吨产品）：

硫酸铵100　$N=100\times21\%=21$

$$S=100\times24.2\%=24.2$$

尿素212　$N=212\times46\%=97.52$

磷酸一铵109　$P_2O_5=109\times51\%=55.59$

$$N=109\times11\%=11.99$$

过磷酸钙 100　$P_2O_5=100×16\%=16$

$CaO=100×24\%=24$

$S=100×13.9\%=13.9$

钙镁磷肥 10　$P_2O_5=10×18\%=1.8$

$CaO=10×45\%=4.5$

$MgO=10×12\%=1.2$

$SiO_2=10×20\%=2$

硫酸钾 300　$K_2O=300×50\%=150$

$S=300×18.44\%=55.32$

硝基腐植酸铵 90　$HA=90×60\%=54$

$N=90×2.5\%=2.25$

氨基酸硼 8　$B=8×10\%=0.8$

氨基酸螯合锌、锰、铜、铁、钼 20　生物制剂 20　增效剂 12　调理剂 19

十三、苹果树

1. 苹果需肥特点　6 月中旬前后苹果树吸收氮达到高峰，此后吸收量下降，到果实采收前后又有所回升。对磷的吸收随着生长加快而增加达到顶峰，此后一直保持到后期无明显变化。对钾的吸收是生长前期急剧增加，至果实迅速膨大时达到高峰，此后吸收量开始下降，直到生长季结束。苹果树在年周期生长发育过程中前期以吸收氮素为主，中后期以吸收钾素为主，对磷素吸收全生长季比较平稳。

据报道，每生产1 000千克苹果需吸收氮（N）10～13千克、磷（P₂O₅）6～10千克、钾（K₂O）9～10千克，其吸收比例约1∶0.7∶0.83。苹果树对钙、锌、硼、铁等营养元素比较敏感。

2. 苹果施肥技术

（1）基肥　一般在苹果采摘后重施有机肥，到落叶前开沟施入树冠下，每亩施有机肥2 500～5 000千克和苹果树专用肥（适量）。1～4年生幼树，每棵施腐熟有机肥50～80千克和苹果树专用肥1～3千克，混匀后施用；5～10年初结果树，每棵施腐熟有机肥100～160千克和苹果树专用肥2～5千克。亩产苹果2 000千克左右的成年苹果园，亩施有机肥（农家肥）3 000～5 000千克和苹果树专用肥30～50千克，混匀后施用；亩产3 000千克的苹果园，亩施有机肥4 000～7 000千克和苹果树专用肥40～60千克。基肥一般采用环状沟施法，以树基为中心，逐年向外扩展，以上年环状沟外缘为今年的内缘。也可采用放射状沟施法。

（2）追肥　苹果树萌芽或花前追肥，可在花前15～20天内进行，平均每棵施苹果树专用肥1～2千克，以穴施为宜。花后追肥在苹果树落花后立即进行，平均每棵施苹果树专用肥1～2千克，应注意与上次施肥的位置错开。花芽分化前追肥，在春梢将停止生长时进行，平均每棵追施苹果树专用肥

2～3 千克，以促进新梢生长。果实膨大期追肥，平均每棵成年苹果树施苹果树专用肥 2～3 千克，此次追肥对果实膨大、着色、含糖量及产量提高都有很大作用。根外追肥从花期至采收前均可进行，叶面喷施农海牌氨基酸叶面肥每 7～10 天一次，也可结合喷药同时进行（碱性农药除外），对果树防病、抗逆、抗早衰、提高产量和商品价值都有明显效果。

3. 苹果专用肥料配方

配方 I

氮、磷、钾三大元素含量为 40％的配方：

$40\% = N\ 14 : P_2O_5\ 12 : K_2O\ 14 = 1 : 0.86 : 1$

原料用量与养分含量（千克/吨产品）：

硫酸铵 100　　$N = 100 \times 21\% = 21$

　　　　　　　$S = 100 \times 24.2\% = 24.2$

尿素 255　　$N = 255 \times 46\% = 117.3$

磷酸一铵 213　　$P_2O_5 = 213 \times 51\% = 108.63$

　　　　　　　$N = 213 \times 11\% = 23.43$

硫酸钾 100　　$K_2O = 100 \times 50\% = 50$

　　　　　　　$S = 100 \times 18.44\% = 18.44$

氯化钾 150　　$K_2O = 150 \times 60\% = 90$

　　　　　　　$Cl = 150 \times 47.56\% = 71.34$

氨化过磷酸钙 100　　$P_2O_5 = 100 \times 16\% = 16$

　　　　　　　　　　$CaO = 100 \times 24\% = 24$

　　　　　　　　　　$S = 100 \times 13.9\% = 13.9$

$$Z=100×3.5\%=3.5$$

氨基酸硼 8　B$=8×10\%=0.8$

氨基酸螯合锌、锰、铜、铁 15　生物制剂 20

增效剂 10　调理剂 29

配方Ⅱ

氮、磷、钾三大元素含量为 30% 的配方：

$30\%=$N 12∶P$_2$O$_5$ 6∶K$_2$O 12

　　　$=1∶0.38∶0.92$

原料用量与养分含量（千克/吨产品）：

硫酸铵 100　N$=100×21\%=21$

　　　　　　S$=100×24.2\%=24.2$

尿素 193　N$=193×46\%=88.78$

磷酸一铵 80　P$_2$O$_5$$=80×51\%=40.8$

　　　　　　N$=80×11\%=8.8$

过磷酸钙 150　P$_2$O$_5$$=150×16\%=24$

　　　　　　CaO$=150×24\%=36$

　　　　　　S$=150×13.9\%=20.85$

钙镁磷肥 15　P$_2$O$_5$$=15×18\%=2.7$

　　　　　　CaO$=15×45\%=6.75$

　　　　　　MgO$=15×12\%=1.8$

　　　　　　SiO$_2$$=15×20\%=3$

硫酸钾 240　K$_2$O$=240×50\%=120$

　　　　　　S$=240×18.44\%=44.26$

氨基酸硼 10　B$=10×10\%=1$

氨基酸螯合铁、锌、钙、稀土 20

硝基腐植酸铵100　　HA＝100×60％＝60

N＝100×2.5％＝2.5

生物制剂30　增效剂10　调理剂52

配方Ⅲ

氮、磷、钾三大元素含量为25％的配方：

25％＝N 8：P_2O_5 8：K_2O 9＝1：1：1.13

原料用量与养分含量（千克/吨产品）：

硫酸铵100　N＝100×21％＝21

S＝100×24.2％＝24.2

尿素113　N＝113×46％＝51.98

磷酸一铵50　P_2O_5＝50×51％＝25.5

N＝50×11％＝5.5

过磷酸钙357　P_2O_5＝357×16％＝57.12

CaO＝357×24％＝85.68

S＝357×13.9％＝49.62

钙镁磷肥25　P_2O_5＝25×18％＝4.5

CaO＝25×45％＝11.25

MgO＝25×12％＝3

SiO_2＝25×20％＝5

硫酸钾180　K_2O＝180×50％＝90

S＝180×18.44％＝33.19

氨基酸硼8　B＝8×10％＝0.8

氨基酸螯合锌、锰、铁、稀土15

硝基腐植酸铵95　HA＝95×60％＝57

N＝95×2.5％＝2.38

生物制剂 20　增效剂 10　调理剂 27

十四、柑橘树

1. 柑橘需肥特点　柑橘为常绿果树，须根特别发达，主要分布在 15～40 厘米土层。柑橘喜钾，中后期补钾可提高产量，改善品质。柑橘树一年多次抽梢，挂果时间长，结果量多，需肥量大。柑橘是需氮和钾较多的果树，是一般落叶果树的 2 倍。柑橘树新梢对氮、磷、钾吸收春季开始逐渐增长。氮素不可施用过量，否则根部会受到伤害，夏季是枝梢生长和果实膨大时期，需肥量达到吸收高峰。秋季根系再次进入生长高峰，为补充树体营养，仍需大量养分。随着气温降低，生长量逐渐减少，需肥量随之减少，入冬后吸收基本停止。果实对磷吸收高峰在 8～9 月，氮、钾吸收高峰在 9～10 月，以后趋于平缓。

据报道，每生产 1 000 千克柑橘果实，需吸收氮（N）6 千克、磷（P_2O_5）1.1 千克、钾（K_2O）4 千克、钙（CaO）0.8 千克、镁（MgO）0.27 千克，其吸收比例为 1∶0.2∶0.7。

2. 柑橘施肥技术

（1）施肥量　一般亩产商品柑橘 3000 千克的柑橘园,需施氮(N)25～30 千克、磷（P_2O_5）10～15 千克、钾（K_2O）25～28 千克，或柑橘专用肥

170～212千克；亩产3 500～5 000千克的柑橘园，应施氮（N）40～65千克、磷（P_2O_5）30～45千克、钾（K_2O）30～45千克，或柑橘专用肥290～450千克。

①幼树施肥：春、夏、秋梢抽生期施肥4～6次，顶芽枯至新梢转绿前喷施叶面肥，1～3年幼树每株年施柑橘专用肥4～6千克，施肥量由少到多逐年增加。

②结果树施肥：每生产1 000千克柑橘施优质有机肥1 000～2 000千克和柑橘专用肥40～80千克，其中秋肥（果前）占全年总量的20%～40%，春肥（萌芽后开花前）占全年的20%，夏肥（壮果肥）占全年总量的40%～60%。施肥结合浇水，可提高肥效。

（2）施肥方法　柑橘树施肥采用环状沟施为佳。根外追肥可喷施农海牌氨基酸叶面肥，一般每7～12天喷施1次，对增强树势和抗逆性有明显效果。

3. 柑橘专用肥料配方

配方 I

氮、磷、钾三大元素含量为30%的配方：

30%＝N 10：P_2O_5 6：K_2O 14＝1：0.6：1.4

原料用量与养分含量（千克/吨产品）：

硫酸铵100　　N＝100×21%＝21

　　　　　　　S＝100×24.2%＝24.2

尿素 160　　N＝160×46％＝73.6

磷酸一铵 58　　P_2O_5＝58×51％＝29.58

　　　　　　　　N＝58×11％＝6.38

过磷酸钙 190　　P_2O_5＝190×16％＝30.4

　　　　　　　　CaO＝190×24％＝45.6

　　　　　　　　S＝190×13.9％＝26.41

钙镁磷肥 10　　P_2O_5＝10×18％＝1.8

　　　　　　　　CaO＝10×45％＝4.5

　　　　　　　　MgO＝10×12％＝1.2

　　　　　　　　SiO_2＝10×20％＝2

硫酸钾 280　　K_2O＝280×50％＝140

　　　　　　　　S＝280×18.44％＝51.63

氨基酸螯合锌、钼 6

硝基腐植酸 100　　HA＝100×60％＝60

　　　　　　　　　　N＝100×2.5％＝2.5

氨基酸螯合中量元素 40　　生物制剂 21　　增效剂 15　　调理 20

配方Ⅱ（柑橘专用肥料配方）

氮、磷、钾三大元素含量为 35％的配方：

35％＝N 11：P_2O_5 9：K_2O 15

　　　＝1：0.8：1.36

原料用量与养分含量（千克/吨产品）：

硫酸铵 100　　N＝100×21％＝21

　　　　　　　　S＝100×24.2％＝24.2

尿素 158　　N＝158×46％＝72.68

磷酸一铵 139　$P_2O_5 = 139 \times 51\% = 70.89$

$N = 139 \times 11\% = 15.29$

氨化过磷酸钙 150　$P_2O_5 = 150 \times 16\% = 24$

$CaO = 150 \times 24\% = 36$

$S = 150 \times 13.9\% = 20.85$

$N = 150 \times 3.5\% = 5.25$

硫酸钾 300　$K_2O = 300 \times 50\% = 150$

$S = 300 \times 18.44\% = 55.32$

氨基酸硼 8　$B = 8 \times 10\% = 0.8$

氨基酸螯合锌、锰、钼、铁、铜 17

硝基腐植酸铵 86　$HA = 86 \times 60\% = 51.6$

$N = 86 \times 2.5\% = 2.15$

生物制剂 15　增效剂 10　调理剂 17

配方Ⅲ（柑橘专用肥料配方）

氮、磷、钾三大元素含量为 25% 的配方：

$25\% = N\ 9 : P_2O_5\ 7 : K_2O\ 9 = 1 : 0.78 : 1$

原料用量与养分含量（千克/吨产品）：

硫酸铵 100　$N = 100 \times 21\% = 21$

$S = 100 \times 24.2\% = 24.2$

尿素 130　$N = 130 \times 46\% = 59.8$

磷酸一铵 68　$P_2O_5 = 68 \times 51\% = 34.68$

$N = 68 \times 11\% = 7.48$

钙镁磷肥 200　$P_2O_5 = 200 \times 18\% = 36$

$CaO = 200 \times 45\% = 90$

$MgO = 200 \times 12\% = 24$

$$SiO_2 = 200 \times 20\% = 40$$

硫酸钾 180　　$K_2O = 180 \times 50\% = 90$

$$S = 180 \times 18.44\% = 33.19$$

氨基酸螯合锌、钼 6

硝基腐植酸铵 200　　$HA = 200 \times 60\% = 120$

$$N = 200 \times 2.5\% = 5$$

氨基酸螯合中量元素 34　生物制剂 30　增效剂 12　调理剂 40

十五、梨树

1. 梨树需肥特点　梨树需要氮、钾最多，钙次之，磷相对较少，需要较高的硼。对氮、磷、钾三要素的吸收随季节变化较大，春季萌芽至开花坐果期需要大量氮、钾和一定数量磷，是养分吸收的第一个高峰期；果实迅速膨大期对氮、钾吸收进入第二个高峰，对磷的吸收在整个生育期起伏不大，较为平衡。坐果后对钙较敏感，盛花到成熟对钙吸收量较大，若缺钙易发生黑底木栓斑、苜蓿青等生理病害。

每生产 1 000 千克梨约需吸收氮（N）3～5 千克、磷（P_2O_5）2～3 千克、钾（K_2O）4.5～5 千克，其吸收比例约为 1∶0.63∶1.19。

2. 梨树施肥技术

（1）基肥　基肥以有机肥为主，配合梨树专用肥料。秋季是施基肥的最佳时间，早熟品种在果实采收后进行，中晚熟品种在果树采收前进行。成年梨树一般每棵施腐熟优质有机肥 80～160 千克和梨树专用肥 2～3 千克，初结果树每棵施优质有机肥 60～100 千克和梨树专用肥 1～2 千克，1～5 年生幼树每棵施优质有机肥 30～60 千克和梨树专用肥 0.5～1.5 千克。施肥方法以环状沟施或放射状沟施为佳，沟深一般 50 厘米，与挖出的土混匀后施入，不可长期采用一种方式施肥，各种方法应交替应用，使肥料尽量与更多的树根接触，以利于根系吸收。

（2）追肥 追肥可采取环状沟、放射状沟施或穴施，与挖出的土混匀后施入沟内，沟深一般为 15～20 厘米，每次施肥变换施肥部位，尽量使肥料接触更多的树根，以便根系吸收。

①萌芽前追肥：在萌芽前 14 天左右进行，用量为全年氮肥总用量的 30%；盛果期的成年树，每棵可追施梨树专用肥 1 千克或尿素 1 千克，对促进新梢生长和增强树势有明显效果。

②花后追肥：在梨树落花后进行，用量为全年用量的 20%～25%；盛果期的成年树每棵追施梨树专用肥 1～1.5 千克（或尿素和硫酸钾各 0.5～1 千克），对提高坐果率、促幼果生长有明显作用。

③花芽分化期追肥：在中、短梢停止生长前 8 天左右进行，每棵梨树追施梨树专用肥 1～2 千克，

以促进花芽分化和果实膨大。

④果实膨大期追肥：果实膨大期是果实增重的关键时期，盛果期梨树每棵追施梨树专用肥2～3千克，对果实膨大有促进作用。

根外追肥从春季至秋季每10～15天喷施1次含磷酸二氢钾、锌、硼、锰、铜、铁、钙的农海牌氨基酸叶面肥，对增强树势、预防因缺素而引起的生理病害、提高产量和品质有显著效果。

3. 梨树专用肥料配方

配方 I

氮、磷、钾三大元素含量为40%的配方：

$40\% = N\ 14 : P_2O_5\ 12 : K_2O\ 14 = 1 : 0.86 : 1$

原料用量与养分含量（千克/吨产品）：

硫酸铵 100　　$N = 100 \times 21\% = 21$

　　　　　　　$S = 100 \times 24.2\% = 24.2$

尿素 208　　$N = 208 \times 46\% = 95.68$

磷酸一铵 200　$P_2O_5 = 200 \times 51\% = 102$

　　　　　　　$N = 200 \times 11\% = 22$

过磷酸钙 100　$P_2O_5 = 100 \times 16\% = 16$

　　　　　　　$CaO = 100 \times 24\% = 24$

　　　　　　　$S = 100 \times 13.9\% = 13.9$

钙镁磷肥 10　$P_2O_5 = 10 \times 18\% = 1.8$

　　　　　　　$CaO = 10 \times 45\% = 4.5$

　　　　　　　$MgO = 10 \times 12\% = 1.2$

　　　　　　　$SiO_2 = 10 \times 20\% = 2$

氯化钾 233　$K_2O = 233 \times 60\% = 139.8$

$Cl = 233 \times 47.56\% = 110.81$

氨基酸硼 8　$B = 8 \times 10\% = 0.8$

氨基酸螯合锌、铜、锰、铁、稀土 17

硝基腐植酸铵 80　$HA = 80 \times 60\% = 48$

$N = 80 \times 2.5\% = 2$

生物制剂 13　增效剂 10　调理剂 21

配方 II

氮、磷、钾三大元素含量为 35% 的配方：

$35\% = N\ 13 : P_2O_5\ 8 : K_2O\ 14$

$= 1 : 0.62 : 1.08$

原料用量与养分含量（千克/吨产品）：

硫酸铵 100　$N = 100 \times 21\% = 21$

$S = 100 \times 24.2\% = 24.2$

尿素 185　$N = 185 \times 46\% = 85.1$

磷酸二铵 131　$P_2O_5 = 131 \times 45\% = 58.95$

$N = 131 \times 17\% = 22.27$

过磷酸钙 120　$P_2O_5 = 120 \times 16\% = 19.2$

$CaO = 120 \times 24\% = 28.8$

$S = 120 \times 13.9\% = 16.68$

钙镁磷肥 10　$P_2O_5 = 10 \times 18\% = 1.8$

$CaO = 10 \times 45\% = 4.5$

$MgO = 10 \times 12\% = 1.2$

$SiO_2 = 10 \times 20\% = 2$

氯化钾 233　$K_2O = 233 \times 60\% = 139.8$

$$Cl=233×47.56\%=110.81$$

氨基酸螯合锌、稀土 6

氨基酸硼 5　$B=5×10\%=0.5$

硝基腐植酸铵 129　$HA=129×60\%=77.4$

$$N=129×2.5\%=3.23$$

氨基酸螯合中量元素 20　生物制剂 20　增效

剂 10　调理剂 31

配方Ⅲ

氮、磷、钾三大元素含量为 30％的配方：

$30\%=N~10：P_2O_5~9：K_2O~11=1：0.9：1.1$

原料用量与养分含量（千克/吨产品）：

硫酸铵 100　$N=100×21\%=21$

$$S=100×24.2\%=24.2$$

尿素 134　$N=134×46\%=61.64$

磷酸一铵 132　$P_2O_5=132×51\%=67.32$

$$N=132×11\%=14.52$$

过磷酸钙 130　$P_2O_5=130×16\%=20.8$

$$CaO=130×24\%=31.2$$

$$S=130×13.9\%=18.07$$

钙镁磷肥 10　$P_2O_5=10×18\%=1.8$

$$CaO=10×45\%=4.5$$

$$MgO=10×12\%=1.2$$

$$SiO_2=10×20\%=2$$

氯化钾 183　$K_2O=183×60\%=109.8$

$$Cl=183×47.56\%=87.03$$

氨基酸硼 10　B＝10×10％＝1

氨基酸螯合锌、铜、锰、铁、稀土 18

硝基腐植酸铵 188　HA＝188×60％＝112.8

N＝188×2.5％＝4.7

氨基酸螯合钙、镁 37　生物制剂 20　增效剂 12　调理剂 26

十六、葡萄

1. 葡萄需肥特点　葡萄对氮吸收从春季萌芽、展叶开始，至开花前后需要量最大；对磷吸收从新梢生长开始至果实成熟。葡萄在整个生长期都吸收钾，是喜钾浆果。一般成年丰产葡萄园每生产1 000千克葡萄果实需氮（N）3.8～7.8千克、磷（P_2O_5）2～7千克、钾（K_2O）4～8.9千克。吸收氮、磷、钾的比例约为1∶0.6∶1.2。在浆果生长之前，对氮、磷、钾需要量较大，果实膨大至采收期达到高峰，此阶段供肥不足会对葡萄产量产生较大影响，尤其是开花、授粉、坐果、果实膨大期对磷、钾需要量较大。葡萄对硼的需要量也相对较多。

2. 葡萄施肥技术

（1）基肥　基肥应在葡萄采收后立即进行，占全年施肥量的 50％～60％，一般亩施土杂肥5 000～6 000 千克，折合 N 13～15 千克、P_2O_5 10～13 千克、K_2O 10～15 千克和专用肥 80～120

千克；也可按树施肥，初结果幼树每棵施有机肥20～50千克和葡萄专用肥0.2～0.3千克，单株结果量20千克左右的成年树，每株施有机肥65～100千克（或饼肥6～10千克）和葡萄专用肥1～3千克。混匀后沟施或撒施，撒施后将肥料翻入地下深20厘米处，有利于植株根系全面吸收利用。施肥方法应更替应用。

（2）追肥　葡萄生长季节一般丰产园每年需追肥2～3次。早春芽开始膨大时第一次追肥，这时花芽正继续分化，新梢即将开始旺盛生长，需要大量氮素养分，宜施用腐熟人粪尿掺混专用肥或尿素，施用量占全年用肥量的10%～15%，每亩追施专用肥10～20千克。谢花后幼果膨大初期进行第二次追肥，以氮肥为主，结合施磷、钾肥，这次追肥不但能促进幼果膨大，而且有利于花芽分化；这一阶段是葡萄生长的旺盛期，也是决定下一年产量的关键时期，追肥以施专用肥或腐熟人粪尿或尿素、草木灰等速效肥为主，施肥量占全年施肥总量的20%～30%，一般亩追施专用肥20～30千克。果实着色初期进行第三次追肥，以磷、钾肥或专用肥为宜，施肥量占全年用的10%左右，亩追施专用肥10～15千克，可结合灌水或雨天直接施入植株根部。

（3）根外追肥　根外追肥可选用农海牌氨基酸叶面肥，每10天左右喷施一次。应注意根外追肥只是补充葡萄营养的一种方法，根外追肥代替不了基肥和追肥。要保证葡萄健壮生长,必须施基肥和追肥。

3. 葡萄专用肥料配方

配方 I

氮、磷、钾三大元素含量为 30% 的配方:

$30\% = N\ 10 : P_2O_5\ 8 : K_2O\ 12 = 1 : 0.8 : 1.2$

原料用量与养分含量(千克/吨产品):

硫酸铵 130　$N = 130 \times 21\% = 27.3$

　　　　　　$S = 130 \times 24.2\% = 31.46$

尿素 132　$N = 132 \times 46\% = 60.72$

磷酸一铵 106　$P_2O_5 = 106 \times 51\% = 54.06$

　　　　　　　$N = 106 \times 11\% = 11.66$

过磷酸钙 150　$P_2O_5 = 150 \times 16\% = 24$

　　　　　　　$CaO = 150 \times 24\% = 36$

　　　　　　　$S = 150 \times 13.9\% = 20.85$

钙镁磷肥 10　$P_2O_5 = 10 \times 18\% = 1.8$

　　　　　　　$CaO = 10 \times 45\% = 4.5$

　　　　　　　$MgO = 10 \times 12\% = 1.2$

　　　　　　　$SiO_2 = 10 \times 20\% = 2$

硫酸钾 240　$K_2O = 240 \times 50\% = 120$

　　　　　　　$S = 240 \times 18.44\% = 44.26$

氨基酸硼 10　$B = 10 \times 10\% = 1$

氨基酸螯合锌、铜、铁 15

硝基腐植酸铵 100　$HA = 100 \times 60\% = 60$

　　　　　　　　　$N = 100 \times 2.5\% = 2.5$

氨基酸螯合钙、镁 32　生物制剂 20　增效剂

10 调理剂 45

配方Ⅱ

氮、磷、钾三大元素含量为25%的配方：

$25\% = N\ 8 : P_2O_5\ 6 : K_2O\ 11$

$= 1 : 0.75 : 1.38$

原料用量与养分含量（千克/吨产品）：

硫酸铵 150　　$N = 150 \times 21\% = 31.5$

　　　　　　　$S = 150 \times 24.2\% = 36.3$

尿素 65　　$N = 65 \times 46\% = 29.9$

磷酸二铵 94　　$P_2O_5 = 94 \times 45\% = 42.3$

　　　　　　　$N = 94 \times 17\% = 15.98$

过磷酸钙 100　　$P_2O_5 = 100 \times 16\% = 16$

　　　　　　　$CaO = 100 \times 24\% = 24$

　　　　　　　$S = 100 \times 13.9\% = 13.9$

钙镁磷肥 10　　$P_2O_5 = 10 \times 18\% = 1.8$

　　　　　　　$CaO = 10 \times 45\% = 4.5$

　　　　　　　$MgO = 10 \times 12\% = 1.2$

　　　　　　　$SiO_2 = 10 \times 20\% = 2$

硫酸钾 220　　$K_2O = 220 \times 50\% = 110$

　　　　　　　$S = 220 \times 18.44\% = 40.57$

氨基酸硼 10　　$B = 10 \times 10\% = 1$

氨基酸螯合锌、铜、铁 15

硝基腐植酸铵 246　　$HA = 246 \times 60\% = 147.6$

　　　　　　　$N = 246 \times 2.5\% = 6.15$

氨基酸螯合钙、镁 30　　生物制剂 20　　增效剂

10　调理剂 30

配方Ⅲ

氮、磷、钾三大元素含量为 35% 的配方：

35% = N 12.5：P_2O_5 7.5：K_2O 15

　　 = 1：0.6：1.2

原料用量与养分含量（千克/吨产品）：

硫酸铵 100　N = 100×21% = 21

　　　　　　 S = 100×24.2% = 24.2

尿素 173　N = 173×46% = 79.58

磷酸二铵 127　P_2O_5 = 127×45% = 57.15

　　　　　　 N = 127×17% = 21.59

过磷酸钙 100　P_2O_5 = 100×16% = 16

　　　　　　 CaO = 100×24% = 24

　　　　　　 S = 100×13.9% = 13.9

钙镁磷肥 10　P_2O_5 = 10×18% = 1.8

　　　　　　 CaO = 10×45% = 4.5

　　　　　　 MgO = 10×12% = 1.2

　　　　　　 SiO_2 = 10×20% = 2

硫酸钾 300　K_2O = 300×50% = 150

　　　　　　 S = 300×18.44% = 55.32

氨基酸硼 10　B = 10×10% = 1

氨基酸螯合锌、铜、铁 15

硝基腐植酸铵 100　HA = 100×60% = 60

　　　　　　 N = 100×2.5% = 2.5

生物制剂 20　增效剂 12　调理剂 33